这样就能办好家庭养鹅场

主　编　邢　军
副主编　吴井生
参　编　李　瑛　朱孟玲
审　稿　吴信生

科学技术文献出版社
SCIENTIFIC AND TECHNICAL DOCUMENTATION PRESS
·北京·

图书在版编目（CIP）数据

这样就能办好家庭养鹅场 / 邢军主编. —北京：科学技术文献出版社，2015.5

ISBN 978-7-5023-9596-4

Ⅰ.①这… Ⅱ.①邢… Ⅲ.①鹅—饲养管理 ②鹅—养殖场—经营管理 Ⅳ.① S835

中国版本图书馆 CIP 数据核字（2014）第 271223 号

这样就能办好家庭养鹅场

策划编辑：乔懿丹 责任编辑：白　明 责任校对：赵　瑗 责任出版：张志平

出　版　者	科学技术文献出版社	
地　　　址	北京市复兴路15号　邮编100038	
编　务　部	（010）58882938，58882087（传真）	
发　行　部	（010）58882868，58882874（传真）	
邮　购　部	（010）58882873	
官方网址	www.stdp.com.cn	
发　行　者	科学技术文献出版社发行　全国各地新华书店经销	
印　刷　者	北京时尚印佳彩色印刷有限公司	
版　　　次	2015 年 5 月第 1 版　2015 年 5 月第 1 次印刷	
开　　　本	850×1168　1/32	
字　　　数	131千	
印　　　张	6.5	
书　　　号	ISBN 978-7-5023-9596-4	
定　　　价	18.00元	

前　　言

　　鹅是草食性大型水禽,它具有耐粗饲、生长快、体型大、胴体品质好、生产肥肝性能好等种质特性。发展养鹅业又具有饲养成本低、饲养周转快、饲养设施简单、饲养技术简单易学等特点,所以适应农村产业结构调整,因地制宜地发展养鹅业是发展节粮型畜牧业的重要措施。我国是世界上养鹅最多的国家,饲养量超过其他各国的总和;我国还是世界鹅品种资源最丰富的国家,有大、中、小型鹅品种十几个。多年来,我国在养鹅数量、鹅肉产量、羽绒及其制品数量方面一直居世界第一,尤其是近十多年来,我国养鹅业飞速发展,正在向集约化、规模化、产业化的方向迈进。

　　为适应养鹅业发展的迫切需要,我们组织了部分长期从事鹅生产和教学研究的工作人员,参阅了大量的文献资料,编写了《这样就能办好家庭养鹅场》一书,仅供养鹅业生产管理人员、技术服务人员、专业户和基层畜牧兽医工作者参考。本书共六部分，从鹅的良种选择、孵化、饲养管理、常见病防治、鹅舍建设、经营管理等方面做了较系统地介绍。内容注重实践性和可操作性，增加了部分实例分析。本书由邢军任主编，吴井生任副主编。邢军编写了第一部分、第六部分，吴井生编写了第三部分，李瑛编写了第二部分、第五部分，朱孟玲编写了第四部分。

　　本书在编写过程中参阅和引用了许多专家的研究成果，并承蒙吴信生副教授、樊月钢高级畜牧师的热心帮助，在此一并致谢。由于编者经验不足，水平有限，加之时间仓促，书中错漏之处在所难免，恳请相关专家和读者批评指正。

编者

目 录

一、怎样选择优良种鹅

(一)鹅的品种介绍

鹅是一种节粮型水禽,我国养鹅历史悠久,是世界上养鹅最多的国家,饲养量超过其他各国的总和;我国还是世界鹅品种资源最丰富的国家,有大、中、小型鹅品种十几个。多年来,我国在养鹅数量、鹅肉产量、羽绒及其制品数量方面一直居世界第一,尤其是近 10 多年来,我国养鹅业飞速发展,正在向集约化、规模化、产业化的方向迈进。养鹅食草省粮、不与畜禽争饲料、不受季节制约,是一项投资少、见效快、效益高的致富项目。本节介绍了国内外一些鹅的优良品种,为养鹅户选购鹅提供帮助。

1. 鹅品种的分类

鹅的主要产品为肉、蛋、肥肝、毛等,虽然各种鹅均生产这些产品,但不同品种的鹅的主要生产用途有所不同。

从鹅的经济用途看,鹅品种可以分为肉用品种、蛋用品种、肥肝用品种和羽绒用品种,如我国的四川白鹅及引进的莱茵鹅属于肉用品种,豁眼鹅和籽鹅属于蛋用品种,我国的狮头鹅和引进的朗德鹅属于肥肝用品种,皖西白鹅的羽绒洁白、绒朵大而品质最好。

从地理区域看,如中国鹅、法国图鲁兹鹅、英国埃姆登鹅、埃及鹅、加拿大鹅、东南欧鹅、德国鹅等等,这仅是世界上部分国家鹅种中的一些代表品种,其性状具有一定的代表性。中国鹅就包括众多的地方品种,各品种均有自身的特点,但也有很多相似性状。

从体型大小看,鹅分为大型、中型、小型三类,小型品种鹅的公鹅体重为 3.7～5.0kg,母鹅 3.1～4.0kg,如我国的太湖鹅、乌鬃鹅等。中型品种鹅的公鹅体重为 5.1～6.5kg,母鹅 4.4～5.5kg,如我国的浙东白鹅、皖西白鹅等,德国的莱茵鹅等。大型品种鹅的公鹅体重为 10～12kg,母鹅 6～10kg,如我国的狮头鹅、法国的卢兹鹅等。这是目前最常用的分类方法。

从毛色看,可以分为灰羽品种和白羽品种,在我国北方以白鹅为主,南方灰白品种均有,但白鹅多数带有灰斑,有的如溆浦鹅同一品种中存在灰鹅、白鹅两系。国外鹅品种以灰鹅占多数,有的品种如丽佳鹅,苗鹅呈灰色,长大后逐渐转白色。

还有其他一些分类方法,如可以分为地方品种和引进品种。

2. 鹅的品种介绍

下面介绍国内外一些优良品种,以供养鹅户选择适合养殖要求的品种。

(1)国内优良鹅品种

①太湖鹅:原产于江浙两省的太湖流域,是一种小型的白鹅良种,肉、蛋兼用型,具有早期生长快、肉质细嫩以及性成熟早、

繁殖能力高、母鹅产蛋率高、就巢性弱等特点,适于生产肉用仔鹅。

a. 体型外貌:前驱高抬,体质细致紧凑,全身白羽紧贴,肉瘤明显且呈姜黄色、圆小光滑,眼睑蛋黄色,虹彩蓝灰色,喙、胫、蹼呈橘红色,喙较短且喙端颜色较淡,爪白色,颈细长呈弓形,无咽袋。

b. 生长性能:雏鹅出壳重90g左右,采取种草养鹅,30日龄体重达0.85kg,60日龄体重达2.5kg,70日龄上市体重可达3kg。

c. 繁殖性能:太湖鹅性成熟早,母鹅在160日龄开始陆续产蛋,无就巢性。平均蛋重135g,每只鹅平均产蛋可达60~70枚,蛋壳白色。母鹅一般利用年限为3年。公母配种比例1:7~1:6,种蛋受精率90%以上,受精蛋孵化率达85%以上。

d. 产绒性能:太湖鹅羽绒洁白、绒质较好,屠宰一次性可取羽绒200~250g,含绒量为30%。

e. 评价:太湖鹅繁殖性能好,肉质优良,是生产肉用仔鹅的优良品种。

②豁眼鹅:原产于山东省莱阳地区的五龙河流域,因其眼睑边缘后方有豁口而得名,该鹅体型较小,以产蛋多著名,并具有耐粗饲、适应性强、抗病力强等特点。

a. 体型外貌:豁眼鹅体型轻小紧凑,全身羽毛洁白,成年鹅有橘黄色的肉瘤,眼睑淡黄色,两眼睑上均有明显的豁口。虹彩呈蓝灰色,头较小,颈细且稍长。公鹅成年平均体重为3.5~4.5kg,母鹅成年平均体重为3~4kg。

b. 生长性能:豁眼鹅的雏鹅出生重为70~80g,其生长速度因各产区的饲养条件不同而有较大差异。

c. 繁殖性能：豁眼鹅在 7～8 月龄达到性成熟，可配种产蛋，公母比为 1：7～1：5；在放养条件下，平均年产蛋量 80 枚左右，半放养条件下，年产蛋量在 100 枚以上，在较好的饲养管理条件下，年平均产蛋量在 120～130 枚，在饲料充足、细致管理的条件下，有年产蛋量 180～200 枚，平均蛋重 120～130g，产蛋旺期 2～3 年，属于世界产蛋量最高的鹅种之一，一般利用年限为 4～5 年。

d. 产绒性能：豁眼鹅羽绒洁白，含绒量高，但绒絮稍短。成年鹅每只每次可活拔羽绒 50～75g，含绒率平均为 30.3％；母鹅可拔羽绒 150g 以上，平均纯绒 60g，毛片 136g。

e. 产肥肝性能：豁眼鹅一般肝重 68～92g，经填饲，肥肝平均重 324.6g，最重达 515g。

f. 评价：豁眼鹅抗寒性较强，产蛋量高，在严冬季节－30℃仍能产蛋，是我国乃至全世界产蛋量最多的鹅种，被誉为"鹅中来航"。羽绒产量高，质量好。

③乌鬃鹅：原产于广东省清远市，主要分布于广东北部、中部和广州市郊。该鹅以骨细、肉厚、脂丰、适于制作烧鹅而闻名。

a. 体型外貌：该鹅颈细、体质结实、被毛紧凑、体驱宽短、背平、腿细短，尾呈扇形，向上翘。喙、肉瘤、胫、蹼均为黑色。公鹅体型较大，成年体重达 3～3.5kg，母鹅成年体重达 2.5～3kg、成年鹅从头顶到最后颈椎有 1 条黑褐色鬃状羽毛带，颈部两侧的羽毛为白色，翼羽、肩羽和背羽乌褐色，羽毛末端有明显的棕褐色镶边，胸羽白色或灰色，腹羽灰白色或白色。

b. 生长性能：早期生长速度较快。在放牧条件下，8 周龄上市体重可达 2.5~3kg；舍饲条件下，8 周龄上市体重可达 3~3.5kg。

c. 繁殖性能：性成熟早，一般在 140 日龄开产，一年平均年产蛋 30~35 枚，平均蛋重 145g，蛋壳浅褐色。母鹅的就巢性很强，每产完一期蛋就巢一次，公母配种比例达 1：10~1：8，种蛋受精率达 88%，孵化率达 92.5%。

d. 评价：乌鬃鹅胴体细致、肉嫩多汁，营养成分丰富，蛋白质含量 17%~22%，每 100 鹅肉热能达 0.71~0.84MJ，不饱和脂肪含量高，占总脂肪量的 70%，熔点低，质量好。可加工成罐头、熟制品，为消费者所喜爱。产蛋性能低。

④籽鹅：原产于东北松辽平原，以产蛋多而著名，是世界上少有的高产蛋鹅种。

a. 体型外貌：籽鹅体型小，紧凑，略呈长圆形，颈细长，颌下垂皮较小，头上有小肉瘤，多数头顶有缨。喙、胫和蹼为橙黄色，额下垂皮较小，腹部不下垂，全身羽毛白色。

b. 生长性能：成年公鹅体重 4~4.5kg，母鹅 3~3.5kg。

c. 繁殖性能：母鹅 6~7 月龄开产，一般年产蛋在 100 枚以上，饲养管理条件好时可达 180 枚以上，蛋重平均 131.1g，蛋壳为白色。公母配种比为 1：7~1：5。

d. 评价：籽鹅抗寒、耐粗饲能力很强，属于产蛋性能好的小型优良品种。

⑤皖西白鹅：原产于安徽省西部的丘陵山区及河南省固始一带，主要分布在皖西的霍丘、六安、寿县以及河南的固始等县。

a. 体型外貌：体型中等，颈长呈弓形，胸深广，背宽平。全身羽毛洁白，头顶有肉瘤，虹彩灰蓝色，喙、肉瘤、胫、蹼呈橘红色,爪白色,少数鹅有咽袋和顶心毛。

b. 生长性能:出生重 90g,成年鹅体重 5.5～6.5kg,母鹅5～6kg。放养条件下,60 日龄仔鹅体重 3～3.5kg,90 日龄可达4.5kg。

c. 繁殖性能:母鹅开产日龄在 180 天左右,年产蛋在 25～36 枚左右,平均蛋重 142g,公鹅利用年限为 3～4 年,母鹅为 4～5 年。公母配种比例为 1:5～1:4。

d. 评价:该鹅羽绒品质高、耐粗饲。早期生长速度快,成活率高,但是产蛋量低。

⑥狮头鹅:狮头鹅是最大的肉鹅品种,原产于广东省饶平县。

a. 体型外貌:狮头鹅体大,头大如雄狮头状而得名。颌下咽袋发达,眼凹陷,眼圈呈金黄色,喙深灰色,胸深而广,胫与蹼为橘红色,头顶和两颊肉瘤突出,母鹅肉瘤较扁平,显黑色或黑色而带有黄斑,全身羽毛为灰色。

b. 生长性能:成年公鹅体重 12～17kg;母鹅 9～13kg,56日龄体重可达 5kg 以上。在大群饲养条件下,狮头鹅在 40～70日龄时增重最快,其中 51～60 日平均日增重达 116.7g。

c. 肥肝性能:狮头鹅的肥肝性能较好。

d. 繁殖性能:母鹅开产期 6～7 月龄,年产蛋 20～38 枚,产蛋盛期为第二年至第四年,公母鹅配种比例以 1:5 为宜,母鹅就巢性很强,母鹅可利用 5～6 年,产蛋盛期为第 2～4 年。

e. 评价:是我国体型最大、产肥肝性能最好的灰羽品种。这种鹅生长速度快,与其他品种母鹅杂交,能明显提高仔鹅的生长速度和产肥肝性能。常作为杂交配套的父本品种。

⑦溆浦鹅:原产于湖南省沅水支流溆水两岸,是肥肝性能比较优良的鹅种之一。

a. 体型外貌:溆浦鹅有灰白两种羽色,喙、肉瘤、蹼呈橘红色,灰鹅的颈部、背部、尾部羽色为灰色,腹部白色,母鹅有腹褶,肉瘤明显。

b. 生长性能:出壳重 120g 左右,早期生长速度快,成年鹅体重 6~6.5kg,母鹅 5~6kg。

c. 肥肝性能:肥肝性能优良,次于狮头鹅,肥肝平均重达650g,最大重达 900g 以上。

d. 繁殖性能:母鹅 7 月龄开产,一般年产蛋 30 枚左右,平均蛋重 212.5g,母鹅就巢性强。

e. 评价:肥肝性能好,可以进行肥肝性能选育。

⑧四川白鹅:原产于川西平原,分布于全省平坝和丘陵水稻产区,属于中型鹅,基本无就巢性,产蛋性能良好。

a. 体型外貌:四川白鹅全身羽毛洁白,喙、胫、蹼橘红色,虹彩为灰兰色。公鹅头颈较粗,体躯稍长,额部有一呈半圆形肉瘤;母鹅头轻秀,颈细长,肉瘤不明显。

b. 生长性能:初生重为 81g,成年公鹅体重 4.5~5kg,母鹅4~4.5kg,60 日龄前生长较快。

c. 繁殖性能:母鹅开产日龄 220 天左右,年产蛋 80~110枚,蛋重 150g 左右。公鹅性成熟期 180 天,公母鹅配种比例以1:4 为宜;母鹅就巢性弱,可通过圈养消除其就巢性,以此提高产蛋量 10%~15%。

d. 评价:四川白鹅适应性好,基本无就巢性,繁殖性能好,仔鹅生长速度较快,是生产肉用仔鹅的优良品种。配合力好,是培育配套系中母系母本的理想品种。

⑨浙东白鹅：产于浙江省东部的奉化、定海、象山县，分布于鄞县、绍兴、余姚、上虞、嵊县、新昌等县。

a. 体型外貌：体型中等，体躯呈长方形。全身羽毛洁白，个别鹅头部及背部有灰色点状杂毛。肉瘤高突，无咽袋，颈细长。喙、胫、蹼雏鹅时为橘黄色，成年后变为橘红色。爪为玉白色，肉瘤颜色较喙色略浅，眼睑金黄色，虹彩蓝灰色。公鹅体大较宽，胸部发达，昂首挺胸。母鹅腹部发育良好，大而下垂，性情温顺。

b. 生长性能：在一般饲养条件下，上市日龄一般在 70 日龄左右，体重 3.2～4kg，出售时要用精料进行 10 多天的育肥，以改善肉质，提高屠宰率。

c. 繁殖性能：母鹅一般在 150 日龄左右开产，公鹅 4 月龄开始性成熟，初配控制在 160 日龄以后。公、母鹅比一般为1：10。一般每年有 4 个产蛋期，每期产蛋 8～13 个，全年计产蛋 40 个左右，蛋壳为灰白色，平均蛋重 140g 左右。

d. 评价：仔鹅生长快，尤其在青年期作短期肥育后，可改善肉质，属于优良的肉用仔鹅。

(2)国外优良鹅品种

①朗德鹅：原产于法国朗德省，是当今世界上最适于生产鹅肥肝的鹅种，属于专用填肥肝的品种。

a. 体型外貌：朗德鹅毛色灰褐，也有部分白羽或灰白色个体，颈背部接近黑色，胸毛色浅呈银灰色，腹部呈白色，喙橘黄色，胫、蹼肉色。

b. 生长性能：成年公鹅体重 7～8kg，母鹅 6～7kg，仔鹅生长较快，8 周龄个体可达 4～5kg。

c. 肥肝性能:一般饲养条件下,鹅肥肝重达 500～600g,经填饲的朗德鹅肥肝重可达 700～800g,是世界著名的肥肝专用品种。

d. 评价:仔鹅生长迅速,羽绒产量高,肥肝性能好,适应性强,成活率高,缺点是肥肝质软、易碎。

②莱茵鹅:原产于德国莱茵河流域的莱茵州,以产蛋量高著称,此鹅能适应大群舍饲。我国江苏省 1989 年从法国引进。

a. 体型外貌:头上无肉瘤,颈粗短,初生雏鹅背羽灰白色,2～6 周龄逐渐变为白色,成年鹅全身羽毛洁白,喙、胫、蹼呈橘黄色。

b. 生长性能:8 周龄仔鹅重达 5～6kg,成年公鹅体重成年公鹅体重 5～6kg,母鹅 4.5～5kg。

c. 繁殖性能:以产蛋量高,繁殖性能好而著称。母鹅开产日龄 220 天左右,年产蛋 50～60 枚,蛋重 150～190g,受精率和孵化率均高。

d. 评价:早期生长快,繁殖力强,适于大型鹅场批量生产肉用仔鹅,也是肉鹅生产的优良父本品种,适于大群饲养。

③卢兹鹅:原产于法国西南部图卢兹镇,分为生产型和颈垂型两种,是世界上体型最大的鹅种,也是填肥肝用鹅。

a. 体型外貌:图卢兹鹅头大、喙尖、颈粗短、体宽而深,咽袋与腹袋发达,羽色灰褐色,腹部红色、喙胫、蹼呈橘红色。

b. 生长性能:成年公鹅体重 10～12kg,母鹅体重 8～10kg,仔鹅 8 周龄可达到 4.5kg 以上。

c. 繁殖性能:母鹅 10 月龄开产,年平均产蛋 20～30 枚,平均蛋重 170～200g,母鹅就巢性不强,颈垂型繁殖性能差,是家鹅中最难饲养的品种。

d. 肥肝性能:一般饲养条件下,鹅肥肝重达 1kg 以上,肥肝性能良好,但质量较差。

e. 评价:可以作为培育肉用型品系和肥肝专用品系的素材。

④匈牙利鹅:原产于多瑙河流域和玛加尔平原,是匈牙利肉鹅和肥肝生产的主要品种。

a. 体型外貌:匈牙利鹅羽毛白色、喙、蹼及虹橘黄色。

b. 生长性能:成年公鹅体重 6～7kg,母鹅 5～6kg,仔鹅早期生长速度快。

c. 繁殖性能:母鹅在一般饲养条件下,年产蛋 15～20 枚,近年来引进了莱茵鹅血统提高了其繁殖性能,在良好饲养条件下,年产蛋 30～50 枚,蛋重 160～180g。

d. 肥肝性能:一般饲养条件下,鹅肥肝重达 500～600g,肥肝性能良好。

e. 评价:羽绒质量很好,肥肝性能优良。

(二)鹅的良种选择及杂交应用

目前养鹅经济效益高,市场潜力大,但是很多养殖户因未能掌握正确的高产、稳产技术导致经济效益差。俗话说:"好种出好苗,好苗长好种",种鹅的好坏直接影响着生产者的经济效益,优良的种鹅,能产出量多而质好的蛋和肉,饲料成本低;另外,我国一些地方品种鹅生产性能不高,因此可以通过纯种鹅品种或品系间的杂交,生产出具有杂种优势的商品鹅,用于商品生产,它能够显著提高鹅的生产性能。

1. 鹅的良种选择

选择种鹅的目标是:选择优秀的个体,并能将其优秀的品质遗传给后代,提高商品鹅的生产性能和经济效益。对种鹅选择的原则要求是:外貌特征与品种符合,体质健壮,适应性强,遗传稳定和生产性能优良。鹅的选种方法,常见的方法有两种,一是根据鹅的体型外貌和生理特征进行选择;二是根据记录资料进行选种,在实践中尽可能将两种方法结合起来,效果会更好。

(1)根据体型外貌和生理特征进行选择:体型外貌和生理特征作为初选手段,可以反映出种鹅的生长发育和健康状况,作为判断其生产性能的基本参考依据,这种方法适合于生产商品鹅的种鹅,因为这种生产商品鹅的工厂一般不会做生产性能的记录资料。根据体型外貌选择一般要在不同的发育阶段进行多次选择。

中国鹅的体型外貌分为小型、中型和大型,每种体型都具有其自身的特点,因此在选种时注意观察体型外貌是否符合,另外,每个品种的鹅又存在着各自独特的特征和优良特性。如狮头鹅属于大型鹅品种,其头顶、颊和喙下均有大的肉瘤,肥育性能和肥肝性能好。

①雏鹅的选择:应该从2～3年的母鹅所产种蛋孵化的雏鹅中,选择适时出壳,体质健壮,绒毛光洁且长短稀密度适度,体重大小均匀,腹部柔软无钉脐,绒毛、喙、胫的颜色都符合品种特征的健雏作种雏。还要注意,不同孵化季节孵出的雏鹅,对它的生产性能影响较大:早春孵出的雏鹅,生长发育快,体质健壮,生活

力强,开产早,生产性能好。春末夏初孵出的雏鹅较差。

选留的雏鹅的外貌体型和各生理指标都应该符合品种的特征和要求,绒毛整齐,富有光泽,眼大有神,行动灵活。

育雏期结束时,即在 29 日龄进行初选,公鹅应选择体重大、体型良好、体质健壮的个体,羽毛着生情况正常,体质健康、无疾病,符合本品种的特征要求。

②育成种鹅的选择:通常是在中鹅阶段(70～80 日龄)饲养结束后转群前的选留。将公母分开,散放,任其自由活动,边看边选。把羽毛颜色符合品种要求、生长发育快、体质健壮的个体留作后备种鹅。不符合条件的个体及时淘汰。

③后备种鹅的选择:在 120 日龄至开产前的后备种鹅中,把鹅体各部位器官发育良好而匀称、体质健壮、骨骼结实、反应灵敏、活泼好动、品种特征明显的个体留作种用,把羽色异常、偏头、垂翅、翻翅、歪尾、瘤腿、体重小、衰弱等不合格的个体及时淘汰。

④开产前的选择:在 180 日龄后,母鹅开产、公鹅配种前,对公母鹅分别进行选择。母鹅选留标准:体躯各部位发育匀称,体型不粗大,头大小适中,眼睛明亮有神,颈细中等长,体躯长而圆、前躯较浅窄、后躯宽而深,两脚健壮且距离较宽,羽毛光洁紧密贴身,尾腹宽阔,尾平直。公鹅选留标准:体型大,体质健壮,身躯各部位发育匀称,肥瘦适中,头大脸宽,眼睛灵敏有神,喙长、钝且闭合有力,叫声宏亮,颈长粗且略显弯曲,体躯呈长方形、前躯宽阔、背宽而长、腹部平整,腿长短适中、强壮有力,两脚距离较宽。若是有肉瘤的品种,肉瘤必须发育良好而突出,呈现雄性特征。

另外,种公鹅选择要格外严格,因为公鹅阴茎发育不良的比例较大。在选择公鹅时,除注意体型外貌正常和体格健壮之外,还必须检查阴茎发育情况,最好还要检查精液品质。因为公鹅好,好一批,一只公鹅配 4～6 只母鹅,如果公鹅缺乏繁殖能力,这 4～6 只母鹅在一个繁殖季节里,就等于白白地浪费了人力和物力。

(2)根据记录资料进行选择:鹅的体型外貌能在一定程度上能够反映出它的品质优劣,但还不能准确地评价种鹅潜在的生产性能和种用品质。所以,种鹅场应作好生产记录,根据记录资料进行有效的选择。

①根据系谱资料进行选择:这种方法适合于尚无生产性能记录的幼鹅、育成鹅或种公鹅的选择,这些鹅尚不清楚成年后的生产性能的高低,公鹅不产蛋,只有查看系谱资料才能知道,一般比较前代和祖代即可。

②根据本身或同胞的生产性能进行选择:本身成绩是种鹅生产性能的直接表现,也是选择种鹅的重要依据,系谱只能说明生产性能的可能性,注意个体本身成绩只适于遗传力高的性状;在早期选择种公鹅时,可根据公鹅的全同胞或半同胞姊妹的生产性能来间接估计,对于一些遗传力低的性状,用同胞资料来估计比较可靠,但是要注意的是同胞鉴定只能区别家系间的优劣,而同一家系内就难以鉴别。

具体办法是:将留作种鹅的鹅只,分别编号登记,逐只记录开产日龄、开产体重、成年体重、第 1 个产蛋年的产蛋数、平均蛋重,第 2 年的产蛋数、平均蛋重,种蛋受精率、孵化率,有无抱窝性等。根据资料,将适时开产、产蛋多、持续期长、平均蛋重合格、无抱窝性、健壮的优秀个体留作种鹅,将开产过早或过晚、产蛋少、蛋重过大或过小、抱窝性强和体质弱的个体及时淘汰。在鉴定羽绒性能时,应注意羽绒产量高,且质量要好。

③根据后裔成绩选择:这种方法是选择种鹅的最高形式,选出的种禽不仅本身是优秀的个体,而且是通过其后代的成绩,可以估计它的优良品质是否能稳定地给下一代,主要用于公鹅。

2. 鹅的杂交应用

不同品种的鹅其生产性能不同,有的繁殖性能优良,有的产肉性能优良,有的肥肝性能优良,为了提高某品种鹅的某种生产性能,或者将不同品种鹅的优良性能综合起来,或者培育出新品种,可以利用不同品种的公、母鹅进行交配,得到杂交后代,后代具有亲本的某些优良性状,提高了生产性能。因此,在实践中可以有计划的进行杂交,通过双亲遗传结构的重组,使后代表现出亲本所具有的优良性状或一些新性状。当现有的鹅品种不符合市场需求时,可以选择适合的杂交亲本,根据不同的目的进行相应的杂交。

根据杂交目的不同,鹅的杂交方法有以下几种。

(1)经济杂交:经济杂交是指充分利用杂种优势,以获得高产、优质、低成本的商品鹅为目的的一种杂交方法。目前,商品鹅场基本上采用两品种鹅简单杂交,杂交一代作为商品鹅,不作为种鹅,杂交一代生命力强、生长发育快。

我国小型鹅产蛋量较高,但是体型较小,早期生长速度慢,因此可以与早期生长速度快的大型鹅杂交,提高仔鹅生长速度。比如,可以将狮头鹅作为父本,与太湖鹅进行杂交,杂交仔鹅的生长速度比纯种太湖鹅提高 20％以上,生活力强,饲料利用率高;还可以将肉质好而产蛋性能差的清远鹅与产蛋多的东北鹅进行杂交,来提高后代的产蛋性能。

开展鹅的经济杂交须注意的问题:

①注重杂交父本和母本的选择:用来杂交的母本:一是群体数量多,可节约引种成本,便于杂交技术的普及推广;二是繁殖性能好,产蛋数量多,以降低杂交一代商品鹅苗的生产成本;三是母鹅的个体相对较小,节约饲料,降低种鹅的生产成本。用来杂交的父本,应选择个体大、生长速度快,饲料利用率高,肉的品质好的品种或品系。用来杂交的父母本,应选择产地分布距离远,来源差别大,这样的杂交后代杂种优势明显,杂交的互补性强。

②注重杂交后代的羽色的显、隐性关系:鹅的羽毛是养鹅和鹅产品加工的重要收入来源之一。由于白色鹅羽毛的市场价高,养鹅和鹅产品加工者比较注重白色羽毛的鹅。因此在进行鹅的杂交中,杂交组合应注重父母本的羽毛选择,使生产的杂交商品鹅白色羽毛均匀一致。如选用的杂交亲本中一方为白羽,一方为灰羽,则应通过试验证明灰羽为隐性遗传(后代不表现灰色),这样的商品鹅更符合市场需求。

推荐几个适宜的杂交亲本:

①母本:四川白鹅、豁眼鹅、籽鹅、太湖鹅。四川白鹅是我国中型鹅种中产蛋量最多的鹅种。豁眼鹅、籽鹅是小型鹅种中产蛋最多的鹅种,其中豁眼鹅也是世界上产蛋最多的鹅种。我国现已育成的天府肉鹅、固始白鹅、扬州鹅、长白鹅等毛肉兼用品种,在育种过程中,均引入了这些鹅进行了杂交。太湖鹅虽然产

蛋在小型鹅中不算最高,但年产蛋平均数可达 60 枚,高的也可达 80～90 枚,而且太湖鹅个体小,饲养成本也较低,作为母本,进行肉鹅杂交的效果也较显著。

②父本:莱茵鹅、皖西白鹅。莱茵鹅个体大、生长快,但繁殖性能稍差,肌纤维相对粗糙,肉的产品风味不及我国地方鹅种。作为肉鹅生产,以莱茵鹅作父本,与我国中小型鹅种杂交,改良我国的地方鹅种,可以显著改善我国地方鹅种个体小、生长慢的不足。皖西白鹅羽绒质量好,属中型鹅种,但繁殖性能差,可以用皖西白鹅作父本与国内地方中、小型鹅种杂交,生产毛肉兼用商品鹅。

介绍几个适宜的肉鹅杂交组合:

肉鹅生产可推广的杂交组合有:莱茵公鹅×四川白鹅母鹅、莱茵公鹅×太湖母鹅、莱茵公鹅×豁眼鹅母鹅、皖西白鹅公鹅×四川白鹅母鹅、皖西白鹅公鹅×太湖鹅母鹅、浙东白鹅公鹅×四川白鹅母鹅,以及莱茵公鹅×川太、川豁二元杂母鹅,开展鹅的三元杂交。上述这类杂交组合的后代,在放牧加适当补料的情况下饲养,一般 70 日龄的活重可达 3.5kg 左右,而以莱茵鹅为父本与中型母鹅杂交的,70 日龄商品鹅的活重可达 4kg 左右。此外肉鹅按经济用途可分为两大类,一类是分割加工用肉鹅;一类是我国民间的传统加工用肉鹅(如烤鹅、盐水鹅、风鹅加工等)。分割加工用的肉鹅,最好以纯种莱茵鹅或以莱茵公鹅为父本,与四川白鹅、浙东白鹅等繁殖性能较好的中型鹅作母本进行杂交,以生产生长快、产肉多、个体大、饲料利用率高的肉鹅,适应鹅肉出口和西餐烹调需要。我国传统加工用鹅,以国内地方品种纯种或地方品种之间相互杂交为宜。这类鹅要求生长期适当稍长,个体大小适中,肌纤维细嫩,毛孔细小,皮肤细腻光滑,鹅肉的产品风味好,以适应我国国民的饮食消费习惯需要。

(2)引入杂交:所谓引入杂交,是指在某品种基本能满足市场需要但还存在不足或主要经济性状需在短期内取得尽快提高时,引入外血来改良缺陷的杂交方法,也叫导入杂交。将引进品种公鹅作为父本,与地方品种母鹅进行杂交,在杂交一代中选出较理想的公鹅与原地方品种母鹅进行杂交,即回交,产生回交一代,如果回交一代符合要求,则就可以用作商品鹅,否则,继续回交,直到回交后代符合要求。

莱茵鹅适宜大群饲养,引入我国后进行了系统的纯种选育、改良和推广工作,作为父本与国内鹅种杂交生产肉用杂交仔鹅,杂交仔鹅 8 周龄体重可达 3～3.5kg,是理想的肉用杂交父本;利用莱茵鹅与本地白鹅、豁鹅进行杂交改良生产的改良雏鹅,其生长速度和抗病力明显优于本地雏鹅,改良雏鹅 2 个月即可出栏,体重可达 3.6～4kg,3 月龄平均体重达 5kg 以上。

(3)育成杂交:用 2 个或 3 个以上的品种进行杂交以育成新品种的方法叫做育成杂交。使用 2 个以上品种杂交来培育新品种叫简单的育成杂交。用 3 个以上的品种杂交培育新品种叫复杂的育成杂交。

当原有品种不能满足需要,又没有任何外来品种可以完全代替时,可以用育成杂交的方法培育新品种。比如用阳江鹅的白色变种母鹅和狮头鹅的白色变种公鹅杂交严格淘汰杂色后代,选择体型大、肥育快的纯白色后代自交,再引入太湖鹅参与杂交,选择优秀个体适度近亲交配,然后进行横交和互交固定,从而培育出湖光鹅。

二、怎样做好鹅的孵化

鹅的孵化要选择优良品质的合格种蛋,还要创造合理的孵化条件,以满足胚胎发育的要求,才能提高孵化率、雏鹅的成活率和生产性能。

(一)种蛋选择

种蛋品质优良与否,对孵化率、雏鹅的质量、鹅群的生活力及生产性能的发挥都有重大影响。所以,在孵化前应对种蛋作严格的选择并在合适的环境中保存。

选择种蛋的常用方法,是用看、摸、听、嗅等感觉器官来判断。先是看,看蛋壳的结构、形状和颜色是否正常,大小是否标准,蛋壳表面是否清洁等。摸,是用手去摸壳的表面是否粗糙,手感蛋的轻重等。听,是将蛋互相轻轻碰敲,细听声音,如有破裂或金属声,都应剔除。嗅,是用鼻子嗅蛋,有臭味者剔除。如采用上述感官法仍不能准确判断,可借助仪器——照蛋灯或验蛋台,通过光线观察蛋壳、气室、蛋黄等情况,看有无散黄、血丝、裂纹、霉点等,如有应予剔除;此外,气室很大的蛋,一般是贮存较久的陈蛋,也要剔除。

1. 选择种蛋的条件

(1)种蛋来源:种蛋必须从合格的种鹅场引进。首先,种鹅要遗传性能稳定、性能优良、健康无病;其次,种鹅的饲养管理正常,日粮的营养物质全面,以保证胚胎发育时期的营养需求。将1年以上、公母比例适当的鹅群中母鹅所产的蛋作种蛋。

(2)新鲜程度:种蛋要新鲜,贮存期越短越好。种蛋的保存时间与气温、存放环境有密切关系。由于鹅产蛋率低,筹集种蛋困难,贮存期有时不得不稍延长,一般春秋季保存期不要超过5~7天,春末夏初气温升高后,种蛋保存期不要超过3~5天。

(3)蛋的形状及大小:大小和形状符合标准,蛋的形状以正常蛋形为好。过大或过小、过长或过圆、腰鼓形、橄榄形等畸形蛋,都不符合标准,必须剔除,否则孵化率低,甚至出现畸形雏鹅。

(4)蛋壳:壳色符合标准,壳质致密均匀,厚薄适当,表面平整,没有一丝裂纹。敲击响声正常。有的蛋壳特别细密厚实,敲击时发出似金属的响声,俗称"钢皮蛋",必须剔除,因为这种蛋孵化时受热缓慢,气体不易交换,水分蒸发也慢,雏鹅啄壳困难,孵化率极低;"沙壳蛋"的蛋壳表面钙沉积不均匀,壳薄而粗糙,水分蒸发快,容易破碎,这种蛋决不可作种蛋。破壳蛋、裂纹蛋更不宜孵化。

蛋壳上不应有粪便、泥土、破壳蛋液等污染物。否则,污染物中的病源微生物侵入蛋内,会引起种蛋腐败变质,或由于污染物堵塞气孔,妨碍种蛋气体交换,降低孵化率。同时在孵化过程中污染孵化器具,增加死胎率。已经污染的种蛋,必须经过清洗和消毒,才能入孵。

2. 种蛋的管理

(1)种蛋的消毒:常用的消毒方法有两种

①福尔马林(35％甲醛溶液)熏蒸法:将蛋置于可以密封的容器内,按每立方米体积用福尔马林 30ml、高锰酸钾 15g 的药量,消毒时在蛋架的下方置一瓷碗,先放入高锰酸钾,再倒入福尔马林,迅速关好门,密闭熏蒸 20～30 分钟,然后取出种蛋送贮蛋室贮存。熏蒸时,室温最好控制在 24～27℃、相对湿度75％～80％,消毒效果更理想。蛋的表面沾有粪便或泥土时,必须先清洗,否则影响消毒效果。

②新洁尔灭浸泡法:将种蛋在 0.1％的新洁尔灭溶液中浸泡 5 分钟,然后取出晾干,送贮蛋室贮存。浸泡溶液的温度应略高于蛋温,这一点在夏季尤其重要。如果消毒液的温度低于蛋温,当种蛋浸入时由于受冷而使内容物收缩,形成负压,会使沾附于表面的微生物通过气孔进入蛋内,影响孵化效果。

(2)种蛋的保存:种蛋保存条件不好,保存方法不当,对孵化效果影响极大。种蛋应保存在专用的隔热密闭容器或贮蛋舍内。保存种蛋最适宜的温度为 10～15℃,如保存时间短(5 天左右),可用 15℃;保存时间长(超过 5 天),可略降低些,以 10～11℃为宜。贮蛋室温度高于 23℃时,胚胎开始缓慢发育,但由于环境温度不太理想,会导致胚胎衰老和死亡。如贮蛋室温度低于 0℃,胚胎会受冻而降低孵化率。保存种蛋的环境湿度,对孵化率也有一定影响。较理想的相对湿度以 70％～75％为好,这种湿度与鹅蛋的含水率比较接近,蛋内水分不会大量蒸发。此外,种蛋码放应小头朝上,在保存期内,还要定期翻蛋,每天起码翻1次,使蛋位转动角度达90°以上,以防蛋黄与蛋壳粘连(俗称"钉壳"),保存时间较长时,这一点更为重要。

不论采用哪种方法,保存期越长,孵化率越低,故最好用新鲜蛋入孵。如有特殊需要必须较长期保存时,可采用充氮法保存。将种蛋置于塑料袋或其他容器中,填充氮气,然后密封,使种蛋处于与外界隔绝的环境里,减少蛋内的水分蒸发,抑制细菌繁殖,保存期可以适当延长。

(3)种蛋的装运:这是良种引进中不可缺少的环节。启运前,必须将种蛋包装妥善,盛器要坚实,能承受较大的压力而不变形,并且还要有通气孔,一般都用纸箱或塑料制的蛋箱盛放。装蛋时,每个蛋之间上下左右都要隔开,不留空隙,以免松动时碰破。通常用纸屑或木屑、谷壳填充空隙。装蛋时,蛋要竖放,钝端在上,每箱(筐)都要装满。然后整齐地排放在车(船)上,盖好防雨设备,冬季还要防风保湿,运行时不可剧烈颠簸,以免引起蛋壳或蛋黄膜破裂,损坏种蛋。

经过长途运输的种蛋,到达目的地后,要及时开箱,取出种蛋。剔除破蛋。尽快消毒装盘入孵,千万不可贮放。

(二)人工孵化和机器孵化

孵化分自然孵化和人工孵化两大类。自然孵化是利用母鹅的就巢性孵化种蛋,我国的大多数地方品种,特别是南方各省,长期以来都是母鹅自产自孵,即产完一窝蛋(10个左右)后就抱窝。这种孵化方法,损害种鹅的体质,影响产蛋量的提高,孵化量少,管理麻烦,技术性不高,不能进行大批量的商品生产。

1. 自然孵化

有许多品种鹅具有明显的就巢性,故又称"自孵鹅"。自然孵化设备简单,费用节省,顺利实现简便,孵化效果也好,但是会影响母鹅产蛋和健康,而且不适应规模发展养鹅业的需要。因此在农户家庭养鹅中还普遍使用着自然孵化这种方法。

(1)就巢母鹅的选择"自孵鹅"就巢性较强,1 年以上的母鹅已有就巢孵化习惯。只需选择确定开始就巢时即可将母鹅直接放入巢内孵化。当年新母鹅未有孵蛋习惯,可先用假蛋或死胎蛋 2～3 个试孵,待安静就巢后,再将种蛋放入。但在生产中一般不需试孵,因在产蛋季节中经常陆续出现就巢母鹅,可随时更换不适宜自然孵蛋的母鹅。有时也可用就巢母鸡代替,但所孵种蛋数量相应减少。

(2)孵化前的准备:按种蛋选择的要求,先剔除不适宜入孵的种蛋,然后将选好的种蛋进行编号,注明日期和批次,便于日后管理。孵蛋的巢可用稻草编成,直径约 45cm,也可用旧柳条筐、篮子或纸箱代替,但大小和高度要适中,便于孵化和操作。孵巢内垫草要干净柔软,厚薄适宜,巢底整成锅形,每巢可孵种蛋 11～12 个。在晚上将母鹅放入孵化巢内,这样有利于母鹅安静孵化。

(3)孵化期的管理

①人工辅助翻蛋:就巢母鹅虽会翻蛋,但是不够均匀,还需要人工辅助翻蛋。通常在入孵 24 小时后开始,每天定时辅助翻蛋2～3 次。翻蛋时先将母鹅从巢内移开,然后将巢中心的蛋移至四周,将四周的蛋移至中心,再将母鹅移入巢内即可。

②定期进行照蛋:通常进行 2～3 次照蛋,取出无精蛋和死

精蛋,并观察胚胎发育情况。照蛋后要及时并集,多余的母鹅则进行催醒或孵化新蛋用。照蛋的日期和方法参考电孵化中的有关内容。

③防止孵蛋污染及破损:在翻蛋的同时应整理巢内垫草,发现有粪便污染垫草随即更换,有裂壳蛋应拣出,当蛋壳膜未受损时可粘贴薄纸继续孵化。就巢母鹅在巢内站立并小声鸣叫,多是排粪前的不安象征,应及时将母鹅提起使其尾部朝外,排粪后放入巢内,以免粪便污染孵蛋。

④孵鹅饲养管理:孵化室内应保持安静,避免任何骚扰,防止鼠、兽害和生人进入,影响正常孵化。就巢母鹅孵蛋期间,整日蹲伏巢内消耗大量热能。为了让母鹅能正常孵化,必须定时让它离巢采食、饮水和运动,以维持母鹅的营养和保持健康的体格。一般的做法是隔日上午定时离巢1次。先在运动场上采食精料(谷物类能量饲料为主),然后赶入水中吃青料、嬉水、沐浴,再赶回运动场休息、理毛,待羽毛基本干爽时赶入舍内铺有柔软垫草的竹围内紧密地挤在一起,以增加体温,加快羽毛的干爽,待羽毛全部干透后,方可将母鹅捉回巢内。下雨天,可在室内喂料、饮水、休息、活动,并避免鹅体沾水带泥。母鹅从离巢到回巢时间约1小时。但具体时间应随季节、胚龄等而灵活掌握。气温高、胚龄长,则离巢时间可长些;气温低,胚龄短,则离巢时间可短些。母鹅的离巢犹如人工孵化中的凉蛋和加湿等作用。

⑤更换就巢母鹅:在孵化中,母鹅的营养消耗很大,单靠谷物类饲料为主难以补偿母鹅体内养分的损失,以致体质逐渐下降,个别甚至死亡。为解决这个问题,可以在大批孵化时采用母鹅轮流孵化的方法,即孵化到15~20天,换母鹅继续孵化,原来

孵化的母鹅可进行催醒产蛋,使每只母鹅都能缩短就巢时间,避免身体过于消瘦,有利于下一个生产周期的提前到来。另外,还可以利用孵化后期的自温作用,将大胚龄鹅蛋集中到摊床或出雏筐内,进行自温孵化,同样可使母鹅提早恢复生产。

⑥出雏及助产:鹅蛋孵化到 28 天(也称 28 胚龄)时,可将就巢母鹅移开,以免身体笨拙的母鹅踩破孵蛋,压死胚胎。要及时收集活胎蛋移至出雏筐进行自温孵化,同时必须根据蛋温与气温高低而盖上适当的盖物保温,及时检查并调节温度,直到出雏。当雏鹅啄壳较久而未能自行出壳时,可进行人工助产,即将鹅蛋大头的蛋壳剥开,把鹅头轻轻拉出壳外,让其在空气中直接呼吸,鹅体仍留在蛋壳内。待头部绒毛干后,可将雏鹅拉出壳外,或由雏鹅自己挣扎出壳。助产时应细心操作,一旦发现出血应立即停止操作,等一段时间后再行处理。一般在 30 胚龄将全部孵蛋进行验蛋,取出死胎蛋,将啄壳未出雏和还未啄壳的都给予人工助产。最后将那些死胎和人工助产也无法出壳的活胎蛋拿掉,打扫、清除和消毒孵巢。

2. 人工孵化

(1)孵化条件:胚胎发育分为两个阶段:第一阶段在母体内进行;第二阶段在母体外进行。当受精蛋产出体外后,如遇 23℃以下的环境,胚胎就处于相对静止的状态,若将其置于适宜的环境里孵化,胚胎就继续发育,直至变成一只雏鹅。在孵化过程中,要根据胚胎发育状况,严格掌握孵化条件——温度、湿度、通风、翻蛋、凉蛋和入孵位置等,才能获得最好的孵化率和健雏率。鹅的整个孵化期需要30~31 天。

①温度:温度是孵化的最重要条件。在整个胚胎发育过程中,各种物质代谢都是在一定的温度条件下进行的,如果没有适宜的温度,胚胎就不能正常发育。掌握合适的温度是孵化成败的关键。

当前,孵鹅蛋分恒温和变温两种方法。

恒温孵化:又称分批入孵,当种蛋来源少或室温过高时,采取分批入孵(一般 3～4 批蛋),以满足不同胚龄的需要。新老蛋要交错放置,随时检查机内的温度是否均匀,孵化机内上下、前后、左右温差一般不超过 0.1～0.2℃。一般机内空气温度控制在 37.8℃。

变温孵化:又称整批入孵,种蛋来源充足。由于胚胎发育不同阶段,对温度的要求有所不同。发育初期,幼小的胚胎还没有调节体温的能力,需要较高而稳定的温度;发育后期,由于脂肪代谢加速,产生大量的生理热,只需稍低的温度。因此,孵化期的温度应是"前高、中平、后低",再结合孵化季节、室温、孵化器以及胚胎的发育状况,做到"看胎施温",灵活掌握,故采用变温孵化法。太湖鹅蛋变温孵化施温标准见表 2-1。

表 2-1　太湖鹅蛋变温孵化施温标准(℃)

孵化室温	孵化机内温度					适合季节
	1～6 天	7～12 天	13～18 天	19～28 天	29～31 天	
23.9～29	38.1	37.8	37.8	37.5	37.2	早春、冬
	38.1	37.8	37.5	37.2	36.9	春、秋
29～32.2	37.8	37.5	37.2	36.9	36.7	夏

鹅蛋孵化期的给温标准为:1～28 天,控制在 37.8℃ (100 ℉),给温范围为 37.2～38.3℃(99～101 ℉)。29～31 天,温度不超过 37.2℃(99 ℉),给温范围为 36.7～37.2℃(98～99 ℉)。孵化过程中给温标准受多种因素影响,应在给温范围内灵活掌握。

②湿度:湿度对鹅胚的影响虽没有温度大,但它与蛋内水分蒸发和胚胎的物质代谢有关,适当的湿度不仅可调节蛋水分蒸发和物质代谢,还有导热作用,可使胚胎受热均匀。适当的湿度还有利于雏鹅出壳,使蛋壳的碳酸钙变为碳酸氢钙,蛋壳变脆,使雏鹅易于啄壳。雏鹅出壳前,应适当提高湿度,能防止雏鹅绒毛与蛋壳膜粘连。湿度过高,蛋内水分蒸发减少,胚胎发育迟缓,呼吸困难,孵出的雏鹅腹大,成活率低。湿度过低,蛋内水分蒸发过多,胚胎发育加速,不仅呼吸困难,且易于胎膜粘连,造成出壳困难,孵出的雏鹅瘦小,绒毛枯短。

整批入孵对湿度的要求是"两头高、中间低"。孵化前期保持在 65%～70%,中期降至 60%～65%,后期保持 65%～75%。分批入孵时因孵化器内有不同胚龄的胚蛋,相对湿度应维持在55%～65%,出雏时增至 65%～80%。孵蛋在孵化过程中,常结合凉蛋降温,在鹅蛋上喷洒温水,以增加机内的相对湿度,使胚胎散热加强。湿度对鹅胚破壳有直接关系,在湿度与空气中的二氧化碳的共同作用下,能使蛋壳变脆,便于雏鹅啄壳。

③通风换气:鹅胚在发育过程中,要不断与外界进行气体交换,吸入氧气,排出二氧化碳。为了保持鹅胚胎的正常气体代谢,必须用通风的方法供给新鲜空气。孵化初期可少量通风,孵

至最后 2 天,胚胎开始用肺呼吸,吸入的氧气和呼出的二氧化碳比孵化初期增加 100 多倍。随着胚龄增大,要求孵化器内氧气含量达 17.5％以上,二氧化碳含量低于 0.4％。通风不良时,胚胎发育迟缓,出现胎位不正、畸形,甚至残废,孵化率下降。

④翻蛋:孵化的前中期翻蛋可以使胚胎受热均匀,有利胚胎发育,避免胚胎与壳膜粘连造成胚胎死亡,有助于胚胎运动,保持胎位正常,顺利出雏。机器孵化有自动或半自动翻蛋系统,可根据需要定时翻蛋。一般每昼夜可翻蛋 4～12 次。在整个孵化期中,前期和后期的翻蛋次数不同,前期翻蛋次数要多些,开始第 1 周特别重要,应适当增加翻蛋次数,因此在 1～27 天每天应翻蛋 6～8 次。落盘后停止翻蛋。机器孵化的翻蛋角为每侧 45°～50°,有条件时可每侧 60°。

⑤凉蛋:自然孵化时,母鹅暂时停孵离巢就是凉蛋。人工孵化时,每天定时打开孵化器门或取出蛋盘,甚至喷水,进行凉蛋。鹅蛋单位重量的表面积比鸡蛋、鸭蛋小,散热能力相对较低。孵化中后期,孵胚产热增多,体热过剩,急需散发,故凉蛋尤其重要。否则鹅胚会因温度过高而受热死亡。正常每天凉蛋 2 次,每次 30～40 分钟。依季节、气温灵活调整。凉蛋时关闭热源,打开机门,鼓风降温。

以上孵化条件中,温度是主要因素,但又与湿度、通风换气、翻蛋、凉蛋密切相关(见表 2-2)。

除上述条件外,还必须注意以下两点:一是种蛋要平放或大头(钝端)在上,绝对不可小头(尖端)在上;二是孵化机内要保持黑暗,必要时才开灯照明,用后关闭。许多试验表明,机内长期连续开灯,对孵化率影响极大。此外,孵化室的环境对孵机内保持适宜条件有很大关系。孵化室较理想的条件是,室温 21～24℃,相对湿度 50%～60%,室内空气新鲜,要避免阳光直射或冷风直吹孵机,墙壁、地面和用具要清洁卫生,摆放整齐,并定期进行消毒。

表 2-2   鹅蛋孵化条件表

	胚龄(天)	温度℃	相对湿度(%)	翻蛋	通风	凉蛋
立体孵化	1～10	37.8～38.3	65～70	1～27 天每天 6～8 次	前期不开或少开气孔,以后逐渐增大至全部打开	中后期每天 2 次,视气候调整
	11～20	37.2～38.3	60～65			
	21 天以后	36.7～37.2	65～75			
	出雏	36.7～37.2	75～80			

(2)胚胎的发育过程:鹅蛋在整个孵化期内,胚胎的生长从小到大,不间断地进行。如果仔细观察,每天都在变化,并且有一定的规律性。但由于胚胎被蛋壳包裹着,要了解胚胎发育是否正常,必须采取照蛋办法,来检验胚胎的发育情况。现将几个主要阶段的胚胎发育特点简介如下:

孵化 3～5 天时,胚胎出现血管形状似樱桃,俗称"樱桃珠"。孵化 7 天时,胚胎眼珠内黑色素大量沉积,四肢开始发育,俗称"起珠"。

孵化 8 天时,胚胎身体增大,可以看到两个小圆团,一是头部;一是弯曲的躯干部,俗称"双珠"。

孵化 14～15 天时,胚胎体躯长出羽毛,尿囊在蛋的小头合拢,整个蛋布满血管,俗称"合拢"。

　　孵化 22～23 天时,胚胎蛋白全部输入羊膜囊中,照蛋时小头看不到发亮的部分,俗称"封门"。

　　孵化 24～26 天时,胚胎转身,气室倾斜,俗称"斜口"。

　　孵化 27～28 天时,看到胚胎黑影在气室内闪动,颈部和翅部突入气室内,俗称"闪毛"。

　　(3)孵化方法

　　①摊床孵化法:摊床孵化是炕孵、缸孵或平箱孵化后期普遍采用的一种方法。摊床孵化不用热源,依靠胚蛋后期的自发温度及孵化室的室温孵化,因而是一种十分经济的方法。

　　②摊床的构造和设备:摊床一般设在孵化器(包括土缸、土炕、电孵机)的上方,以充分利用空间和孵化器的余热。如果孵化室太大,不易保温,或房舍低矮,可单独设置摊床孵化室。

　　摊床是用木头(水泥或三角铁)做架,钉上竹条,然后铺上草席。孵化时根据胚龄的大小及室温的高低,配备棉絮、棉毯或被单等物,以保持胚胎所需温度。摊床的面积根据孵化室的大小及生产规模而定,设 1～3 层。摊床应底层最宽,越上层越窄,便于操作时站立。一般底层宽 1.8m 时,每上一层缩进 20cm。

　　③上摊时间:鹅蛋在第 15 天后,即在第二次照蛋以后上摊。如果外界气温低,可以稍微推迟上摊时间。

　　④温度调节:摊床的温度应掌握"以稳为主、以变补稳、变中求稳"的原则。即要求中心胚蛋的温度保持平稳正常;中心蛋达到适温,边蛋必然偏低,通过翻蛋,调整边蛋和心蛋的位置,以求温度的均衡;需要升温时,不可升得过高过快,变温不能太大,要讲究稳。调节温度有 3 种方法:翻蛋、掀盖覆盖物和以不同方式叠放胚蛋。其中,翻蛋使温度均匀,并增加胚蛋活动。胚蛋在刚

上摊时,一般叠放成双层蛋(摊),随着蛋温的增高,上层可放稀些。具体举例如下:如早上上摊,先把胚蛋摆成双层摊,盖被折成3层盖上;下午3点钟翻蛋后,上层蛋放稀些,盖被折成两层盖上;第二天清晨把上层蛋再放稀些(俗称"棋摊",像摆棋子一样疏散开),盖被只盖1层;第二天下午就放平了(即1层蛋),此时只盖1层被。

⑤摊床的管理:管理摊床,主要应勤看,勤掀,勤盖。根据胚蛋发温的特点,确定每天检查次数。上摊头3天,胚蛋自温能力不强,可以每3小时检查1次温度;以后随着蛋温的升高,可每2小时检查1次;将要出壳时,要随时检查,更需勤掀勤盖。要准确掌握"掀、盖"的技巧,还须做到四看:

一看胚龄。胚龄越大,自温能力越强,特别是在"封门"以后,胚蛋自发温度大大提高,因此,随胚龄增大,覆盖物由多到少,由厚到薄,覆盖时间由长到短。

二看外界温度。冬季和早春,气温和室温较低,要适当多盖,盖的时间略长些;夏季外界温度高,适当少盖,盖的时间短些;早晨及下半夜,外界温度低,适当多盖;中午及上半夜,要适当少盖。

三看覆盖物和蛋温。应根据蛋温的高低或适中等不同情况,适时增减覆盖物。一般边蛋的蛋温正常,则翻蛋后仍按原物覆盖;边蛋的蛋温略低,翻蛋后就多盖一些,待蛋温升高后,再适时减盖,以免超温;如盖后蛋温不均,要将盖被抖凉后再盖。

四看胚胎发育。摊床温度掌握是否合适,主要观察胚胎发育是否达到标准长相。如果上摊前胚蛋及时"合拢",则上摊后的温度按正常掌握;如"合拢"推迟,则摊床温度应略高些;如胚蛋"合拢"较标准长相提早,则摊床温度略低些。鹅蛋孵至23天要特别注意,最好照蛋观察。一般是,"封门"前温度略高些,"封门"后温度略低些。"封门"后要保持"人身蛋温"(即人用眼皮接触胚蛋测温,感觉与人体温相仿的温度)。

在具体操作时,如果温度适当,可以边翻蛋,边盖被,按正常操作;如温度过高,要及时掀被散温;如温度偏低,要减少翻蛋次数,适当多盖,并尽可能提高室温。

(4)电机孵化法:用电孵机孵化鹅蛋,可根据鹅蛋的数量选用适当的电孵机,根据鹅蛋的大小,设计孵化蛋盘。由于鹅蛋大,蛋壳厚,蛋内含脂量高,孵至中期后,产热量也高,但散热能力差,而鹅蛋需要湿度比鸡蛋高5%～10%,故孵至第7～第16天时,结合机外凉蛋,每天喷水1次,第17～29天结合机外凉蛋,每天喷水2次,快出壳时,可增加至3次,以促使胚胎发育正常,准时出壳。以下介绍几种全自动孵化机。

①CFD微电脑全自动孵化机

●彩钢板外壳蛋架车结构

●容鹅蛋量:3 200枚

●使用电压:220V/50Hz

●控温精度:≤±0.1℃

●电热功率:1 500W

●整机尺寸:2 000mm×2 300mm×2 200mm

②CFE微电脑全自动孵化机

●彩钢板外壳翘板式翻蛋结构

●容鹅蛋量:1 600枚

●使用电压:220V/50Hz

●控温精度:≤±0.1℃

●电热功率:1 000W

●整机尺寸:1 800mm×800mm×2 002mm

③CFS 微电脑全自动孵化机

●彩钢板外壳翘板式翻蛋结构

●容鹅蛋量:1 200 枚

●使用电压:220V/50Hz

●控温精度:≤±0.1℃

●电热功率:800W

●整机尺寸:800mm×800mm×1 680mm

④CFL 微电脑全自动孵化机

●彩钢板外壳翘板式翻蛋结构

●容鹅蛋量:800 枚

●使用电压:220V/50Hz

●控温精度:≤±0.1℃

●电热功率:600W

●整机尺寸:1 300mm×800mm×1 680mm

⑤CFZ 微电脑全自动孵化机

●彩钢板外壳翘板式翻蛋结构

●容鹅蛋量:100~200 枚

●使用电压:220V/50Hz

●控温精度:≤±0.1℃

●电热功率:200W

●整机尺寸:800mm×650mm×1 300mm

（三）初生雏鹅的雌雄鉴别

雏鹅的性别鉴别在养禽生产上具有重要的经济意义，特别是对种鹅的生产，雌雄分开后可分群饲养或将多余的公鹅及时淘汰处理，能大大降低种鹅的饲养成本，节省开支。

从外貌来识别初生雏鹅的雌雄相当困难，实践中一般多采用以下几种雌雄鉴别法。

1. 翻肛法

将雏鹅握于左手掌中，用左手的中指和无名指夹住颈口使其腹部向上，然后用右手的拇指和食指放在泄殖腔两侧，用力轻轻翻开泄殖腔。如果在泄殖腔口见有螺旋形的突起（阴茎的雏形），在肛门腹壁可见一个长 3～4mm，呈浅灰色或肉色的阴茎萌芽，即为公鹅；如果看不到螺旋形的突起，只有三角瓣形皱褶，且其高度不超过 1mm，即为母鹅。一般鉴别的准确率可达99％。

2. 捏肛法

以左手拇指和食指在雏鹅颈前分开，握住雏鹅；右手拇指与食指轻轻将泄殖腔两侧捏住，上下或前后稍一揉搓，感到有一个似芝麻粒或油菜籽大小的小突起，尖端可以滑动，根端相对固定，即为公鹅的阴茎；否则为母鹅。一般鉴别的准确率可在90％以上。

3. 顶肛法

　　左手握住雏鹅，以右手食指和无名指左右夹住雏鹅体侧，中指在其肛门外轻轻往上一顶，如感觉有小突起，即为公鹅。顶肛法比捏肛法难于掌握，但熟练以后速度较快。

三、怎样做好鹅的饲养管理

我国是世界上养鹅数量最多的国家,劳动人民在长期的生产实践中,创造和总结出了一系列行之有效的饲养管理技术。近年来,我国的养鹅生产发展很快,在品种选育、配合饲料、饲养方式、疾病防治、产品加工等方面都取得了长足的进展,养鹅生产正朝着工厂化、集约化、产业化和现代化方向发展,对饲养管理提出了新的更高的要求。因此,继承、借鉴和吸收我国传统养鹅的宝贵经验,积极开展技术创新和技术推广,实行科学化、标准化饲养管理,对于充分发挥鹅的生产潜力,取得最佳的生态、社会和经济效益,保证养鹅生产的持续、快速、健康发展,无疑是一项十分重要而紧迫的工作。

鹅的饲养管理是养鹅业的主要环节,也是获得高产、稳产、优质、低耗、高效益的重要技术手段。特别是鹅业产业化管理,必须掌握鹅的各阶段饲养管理要点,方可事半功倍,以确保育种目标和生产任务的完成,获得较高的经济效益与社会效益。鹅生长发育一般分为以下几个阶段:雏鹅、中鹅(生长鹅、青年鹅、育成鹅)、肥育仔鹅或后备种鹅、种鹅。对于肉用仔鹅来说,仅有雏鹅、中鹅、肥育仔鹅 3 个阶段。

(一)鹅的生理特点和习性

1. 鹅的外貌特征

鹅为体重较大的水禽,体型与雁相似,在外貌上与其他家禽既相似,又有较大的区别。鹅的全身按解剖部位,分为头部、躯干部、翼部和后肢部。

(1)头部:头部包括颅和面两部分。颅部位于眼眶背侧,分头前区、头顶区和头后区;面部位于眼眶下方及前方,分上喙区、下喙区、鼻区、眼下区、颊区和垂皮区。有的品种垂皮区皮肤松弛,形成咽袋。大多数中国鹅种在喙基部头顶上方长有肉瘤,肉瘤随年龄增长而长高,一般老鹅的肉瘤比青年鹅大,公鹅的肉瘤比母鹅大。喙扁而宽,前端窄后端宽,形成楔形,喙的相对宽度不如鸭子。肉瘤和喙的颜色基本一致,有橘黄和黑灰色两种。

(2)颈部:颈部分颈背区、颈侧区(两侧)和颈腹区,各占1/4。中国鹅的颈细长弯成弓形,欧洲鹅的颈粗短。小型鹅颈细长是高产特征;大型鹅颈粗短,易肥育,适于生产肥肝。

(3)躯干部:除头、颈、翼和后肢外,其余的都属于躯干部。躯干部又分为背区、腹区和左右两胁区。躯干部的大小形态与肉用性能关系较大,一般大中型鹅体躯颀长、骨架大、肉质粗,小型鹅体躯小、骨骼细、结构紧凑、肉质细嫩。有的品种母鹅的腹部皮肤有皱褶,俗称"蛋窝",腹部逐步下垂,是母鹅临产的特征。

(4)翼部:翼部分肩区、臂区、前臂区和掌指区。臂区和前臂区之间有一薄而宽的三角形皮肤褶即前翼膜。由长而窄的后翼膜连接前臂区和掌指区的后缘。鹅不能飞翔(个别品种除外),但急行时两翼张开,有助于行走。

(5)后肢部:后肢部分股区、小腿区、跖区和趾区。各趾之间长着特殊的皮肤褶,称为蹼,鹅游泳时靠蹼划动前进。

(6)羽毛:鹅的体表覆盖羽毛。羽毛有白色和灰色两种,按其形状结构可分为真羽、绒羽和发羽,从商品角度可分为翅梗毛、毛片和绒毛。实际上,真羽包括翅梗毛和毛片。绒羽即是绒毛。发羽形似头发,数量很少,在生产上没有意义。鹅的雌雄羽毛很相似,不像鸡那样具有明显的形状和色彩的区别,也不像公鸭那样具有典型的性羽,单靠羽毛形状或颜色很难识别雌雄。

2. 鹅的消化特点

鹅在生活和生产过程中,需要各种营养物质,包括蛋白质、脂类、糖类、无机盐、维生素和水等,这些营养物质都存在于饲料中。饲料在消化器官中要经过消化和吸收两个过程。

(1)鹅消化系统的解剖构造:鹅的消化系统包括消化道和消化腺两部分:消化道由喙、口咽、食道(包括食道膨大部)、胃(腺胃和肌胃)、小肠、大肠和泄殖腔组成;消化腺包括肝脏和胰腺等。

①喙:喙即嘴,由上喙和下喙组成,上喙长于下喙,质地坚硬,扁而长,呈凿子状,便于采食草。喙边缘呈锯齿状,上下喙的锯齿互相嵌合,在水中觅食时具有滤水保食的作用。

②口咽:鹅口咽是一个整体,没有将其分开的软腭,口腔器官也较简单,没有齿、唇和颊,仅有活动性不大的舌,帮助采食和吞咽。口咽黏膜下有丰富的唾液腺,这些腺体很小,但数量很

多,能分泌黏液,有导管开口于口咽的黏膜面。

③食道:鹅食道较宽大,是一条富有弹性的长管,起于口咽腔,与气管并行,略偏于颈的右侧,在胸前与腺胃相连。鹅无嗉囊,在食道后段形成纺锤形的食道膨大部,功能与嗉囊相似。

④胃:鹅的胃由腺胃(前胃)和肌胃(砂囊)两部分组成。腺胃纺锤形,胃壁上有许多乳头,乳头虽比鸡的小,但数量较大,腺胃分泌的胃液通过乳头排到腺胃腔中。肌胃呈现扁圆形,胃壁由厚而坚实的肌肉构成,两块特别厚的叫侧肌,位于背侧和腹侧,两块较薄的叫中间肌,位于前部和后部,肌胃内有 1 层坚韧的黄色角质膜保护胃壁。鹅肌胃的收缩力很强,是鸡的 3 倍、鸭的 2 倍,适于对青饲料的磨碎。

⑤小肠:鹅的小肠相当于体长的 8 倍左右。小肠粗细均匀,肠系膜宽大,并分布大量的血管形成网状。小肠又可分为十二指肠、空肠和回肠。

十二指肠开始于肌胃,在右侧腹壁形成一长袢,由一降支和一升支组成,胰腺夹在其中。十二指肠有胆管和胰管的开口,并常以此为界向后延伸为空肠。空肠较长,形成 5～8 圈长袢,由肠系膜悬挂于腹腔顶壁,空肠中部有一盲突状卵黄囊憩室,是卵黄囊柄的遗迹。回肠短而直,仅指系膜与两盲肠相系的一段。小肠的肠壁由黏膜、肌膜和浆膜 3 层构成,黏膜内有很多肠膜,分泌含有消化酶的肠液,肌壁的肌层由两层平滑肌构成,而浆膜则是 1 层结缔组织。

⑥大肠:大肠由 1 对盲肠和 1 条短而直的直肠构成,鹅没有结肠。盲肠呈盲管状,盲端游离,长约 25cm,比鸡鸭的都长,它具有一定消化粗纤维的作用。

⑦泄殖腔：泄殖腔略呈球形，内腔面有 3 个横向的环形黏膜褶，将泄殖腔分为 3 部分：前部分为粪道，与直肠相通；中部叫泄殖道，输尿管、输精管或输卵管开口在这里；后部叫肛道，直接通向肛门。

⑧肝脏：肝脏是体内最大的腺体，呈现黄褐色或暗红色，分左右两叶，各有一个肝门。右叶有一个胆囊，右叶分泌的胆汁先贮存于胆囊中，然后通过胆管开口于十二指肠。左叶肝脏分泌的胆汁从肝管直接进入十二指肠。

⑨胰腺：胰腺是长条形、灰白色的腺，位于十二指肠的肠袢内。胰腺实质分为外分泌部和内分泌部，外分泌部分泌的胰液经导管进入十二指肠腔，内分泌部分则分泌激素。

（2）鹅的消化生理：饲料由喙采食通过水消化道直至排出泄殖腔，在各段消化道中消化程度和侧重点各不相同，比如肌胃是机械消化的主要部位，小肠以化学消化和养分吸收为主，而微生物消化主要发生在盲肠。鹅是草食为主的家禽，在消化上又有其特点。

①胃前消化：鹅的胃前消化比较简单，食物入口后不经咀嚼，被唾液稍微润湿，即借舌的帮助而迅速吞咽。鹅的唾液中含有少量淀粉酶，有分解淀粉酶的作用。但由于在胃前的消化道中酶活力很低，其消化作用很有限，主要还是起食物通道和暂存的作用。

②胃内消化

a.腺胃消化：鹅腺胃分泌的消化液（即胃液）含有盐酸和胃蛋白酶，不含淀粉酶、脂肪酶和纤维素酶。腺胃中蛋白酶能对食糜起初步的消化作用，但因腺胃体积小，食糜在其中停留时间短,胃液的消化作用主要在肌胃而不是在腺胃。

　　b. 肌胃消化:鹅肌胃很大,肌胃率(肌胃重除以体重的百分率)约为 5%,鹅肌胃容积与体重的比例仅是鸡的一半,表明鹅肌胃肌肉紧密厚实。同时肌胃内有许多沙砾,在肌胃强有力的收缩下,可以磨碎粗硬的饲料。

　　在机械消化的同时,来自腺胃的胃液借助肌胃的运动得以与食糜充分混合,胃液中盐酸和蛋白酶协同作用,把蛋白质初步分解为蛋白胨、蛋白脒及少量的肽和氨基酸。鹅肌胃对水和无机盐有少量的吸收作用。

　　③小肠消化:鹅与其他畜禽类似,小肠消化主要靠胰液、胆汁和肠液的化学性消化作用,在空肠段的消化最为重要。

　　胰液和肠液含有多种消化酶,能使食糜中蛋白质、糖类(淀粉和糖原)、脂肪逐步分解最终成为氨基酸、单糖、脂肪酸等。而肝脏分泌的胆汁则主要促进对脂肪及水溶性维生素的消化吸收。此外,小肠运动也对消化吸收有一定的辅助作用。

　　小肠中经过消化的养分绝大部分在小肠吸收,鹅对养分的吸收都是经血液循环进入组织中被利用的。

　　④大肠消化:大肠由盲肠和直肠构成,盲肠是纤维素的消化场所,除食糜中带来的消化酶对盲肠消化起一定作用外,盲肠消化主要是依靠栖居在盲肠的微生物的发酵作用。盲肠中有大量细菌,1g 盲肠内容物细菌数有 10 亿个左右,最主要的是严格厌氧的革兰阴性杆菌。这些细菌能将粗纤维发酵,最终产生挥发性脂肪酸、氨、胺类和乳酸。同时,盲肠内细菌还能合成 B 族维生素和维生素 K。

　　盲肠能吸收部分营养物质,特别是对挥发性脂肪酸的吸收有较大实际意义。直肠很短,食糜停留时间也很短,消化作用不大,主要是吸收一部分水分和盐类,形成粪便,排入泄殖腔,与尿液混合排出体外。

(3)对鹅消化特点的利用:青饲料是鹅主要的营养来源,甚至完全依赖青饲料也能生存。鹅之所以能单靠吃草而活,主要是依靠肌胃强有力的机械消化、小肠对非粗纤维成分的化学性消化及盲肠对粗纤维的微生物消化等三者协同作用的结果。与鸡鸭相比,虽然鹅的盲肠微生物能更好地消化利用粗纤维,但由于盲肠内食糜量很少,而盲肠又处于消化道的后端,很多食糜并不经过盲肠。因此,粗纤维的营养意义不如想象中的那样重要。许多研究表明,只有当饲料品质十分低劣时,盲肠对粗纤维的消化才有较重要的意义。事实上鹅是依赖频频采食,采食量大而获得大量养分的。农谚"家无万石粮,莫饲长颈项","鹅者饿也,肠直便粪,常食难饱",反映了这一消化特点。因此,在制订鹅饲料配方和饲养规程时,可采取降低饲料质量(营养浓度),增加饲喂次数和饲喂数量,来适应鹅的消化特点,提高经济效益。

3. 鹅的习性

(1)喜水性:鹅是水禽,喜欢在水中寻食、嬉戏和求偶交配。因此,鹅群放牧饲养时应选择具有宽阔的水域和良好水源的地方,舍饲时应设置人工水浴池或水上运动场,供鹅群嬉戏、洗浴和交配。鹅很喜欢水,在水面上游时像一只小船,趾上有蹼似船桨,躯体相对体积质量(比重)约为 0.85,气囊内充满气体,轻浮如梭,时而潜入水中扑觅淘食。喙上有触觉,并有许多横向的角质沟,当衔到带水的食物时,可不断呷水滤水留食,充分利用水中食物和矿物质满足生长和生产的需要。鹅有水中交配的习性,特别是在早晨和傍晚,水中交配次数比率占 60% 以上。鹅喜欢清洁,羽毛总是油亮、干净,经常用嘴梳理羽毛,不断以嘴和下颌从尾脂腺处蘸取脂油,涂以全身羽毛,这样下水可防水,上岸抖身即可干,防止污物沾染。

(2)食草性:鹅是草食水禽,凡是有草和有水源的地方均可饲养,尤其在水较多、水草丰富的地方,更适宜成群放牧饲养。鹅的消化道总长是体躯长的 11 倍,而且有发达的盲肠。鹅的肌胃特别发达,肌胃的压力是鸡的 3 倍,是鸭的 2 倍。鹅的肌胃内有一层很厚而且坚硬的角质膜,内装沙石,依靠肌胃坚厚的肌肉组织的收缩运动,可把食物磨碎。同时鹅盲肠十分发达,含有大量厌氧纤维分解菌,对粗纤维进行发酵分解,消化率可达40%~50%。据测定,鹅对青草芽草尖和果食穗有很强的衔食性。鹅吃百样草,除莎草科苔属青草及有毒、有特殊气味的草外,它都可采食,群众称之为"青草换肥鹅"。

(3)合群性:鹅在野生状态下,天性喜群居和成群飞行。这种本性在驯化家养之后仍未改变,因而家鹅至今仍表现出很强的合群性。经过训练的鹅在放牧条件下可以成群远行数里而不乱。当有鹅离群独处时,则会高声鸣叫,一旦得到同伴的应和,孤鹅便寻声而归群。鹅相互间也不喜殴斗。因此这种合群性使鹅适于大群放牧饲养和圈养,管理也比较容易。

(4)耐寒性:鹅全身覆盖羽毛,起着隔热保温作用,因而鹅的耐寒性比鸡要强。成年鹅的羽毛比鸡的羽毛更紧密贴身,且鹅的绒羽浓密,保温性能更好,较鸡具有更强的抗寒能力。鸡的脂肪主要储积在腹部,皮下脂肪层较薄,因而鸡脂肪对于调节体温起的作用不大;而鹅的皮下脂肪则比鸡厚,因而具有较强的耐寒性。鹅的尾脂腺发达,尾脂腺分泌物中含有脂肪、卵磷脂、高级醇,鹅在梳理羽毛时,经常用喙压迫尾脂腺,挤出分泌物,再用喙涂擦全身羽毛,来润湿羽毛,使羽毛不被水所浸湿,起到防水御寒的作用。故鹅即使是在 0℃ 左右的低温下,仍能在水中活动;在 10℃ 左右的气温条件下,便可保持较高的产蛋率。相对而言,鹅比较怕热,在炎热的夏季,喜欢整天泡在水中,或者在树荫下纳凉休息,觅食时间减少,采食量下降,产蛋量也下降。许多鹅种往往在夏季停止产蛋。

(5)摄食性:鹅喙呈扁平铲状,摄食时不像鸡那样啄食,而是铲食,铲进一口后,抬头吞下,然后再重复上述动作,一口一口地进行。这就要求补饲时,食槽要有一定高度,平底,且有一定宽度。鹅没有鸡那样的嗉囊,每日鹅必须有足够的采食次数,防止饥饿,每间隔 2 小时需采食 1 次,小鹅就更短一些,每日必须在 7~8 次以上,特别是夜间补饲更为重要。农村流传有"鹅不吃夜草不肥,不吃夜食不产蛋"的说法。

(6)敏感性:鹅有较好的反应能力,比较容易接受训练和调教,但它们性急、胆小,容易受惊吓而高声鸣叫,导致互相挤压。鹅的这种应激行为一般在雏鹅早期就开始表现,雏鹅对人畜及偶然出现的鲜艳色泽物、声或光等刺激均感到害怕。甚至因某只鹅无意间弄翻食盆发出声响时,其他鹅也会异常惊慌,迅速站起惊叫,并拥挤于一角。因此,应尽可能保持鹅舍的安静,避免惊群造成损失。人接近鹅群时,也要事先做出鹅熟悉的声音,以免使鹅突然受惊而影响采食或产蛋。同时,也要防止猫、犬、老鼠等动物进入圈舍。

(7)择偶性:鹅素有择偶的特性,公母鹅都会自动寻找中意的配偶,公鹅只对认准的母鹅可经常进行交配,而对群体中的其他鹅则视而不配。在鹅群中会形成以公鹅为主,母鹅只数不等的自然群体。经过一定的驯化,一般公、母鹅比例为 1:6～1:4。

(8)就巢性:鹅虽经过人类的长期选育,有的品种已经丧失了抱孵的本性(如太湖鹅、豁眼鹅等),但大多数鹅种由于人为选择了鹅的就巢性,致使这一行为仍保持至今,这就明显减少了鹅产蛋的时间,造成鹅的产蛋性能远远低于鸡和鸭。一般鹅产蛋15 枚左右时,就开始自然就巢,每窝可抱鹅蛋 8～12 枚。

(9)夜间产蛋性:禽类大多数是白天产蛋,而母鹅是夜间产蛋,这一特性为种鹅的白天放牧提供了方便。夜间鹅不会在产蛋窝内休息,仅在产蛋前半小时左右才进入产蛋窝,产蛋后稍歇片刻才离去,有一定的恋巢性。鹅产蛋一般集中在凌晨,若多数窝被占用,有些鹅宁可推迟产蛋时间,这样就影响了鹅的正常产蛋。因此,鹅舍内窝位要足,垫草要勤换。

(10)生活规律性:鹅具有良好的条件反射能力,活动节奏表现出极强的规律性。如在放牧饲养时,一日之中的放牧、收牧、交配、采食、洗羽、歇息、产蛋等都有比较固定的时间。而且这种生活节奏一经形成便不易改变。如原来每日喂 4 次的,突然改为 3 次,鹅会很不习惯,并会在原来喂食的时候,自动群集鸣叫,发生骚乱;如原来的产蛋窝被移动后,鹅会拒绝产蛋或随地产蛋;如早晨放牧过早,有的鹅还未产蛋即跟着出牧,当要产蛋时这些鹅会急急忙忙赶回舍内自己的窝内产蛋。因此,在养鹅生产中,一经制定的操作管理规程要保持稳定,不要轻易改变。

（二）雏鹅的饲养管理

雏鹅是指孵化出壳后到 4 周龄或 1 月龄内的鹅，又叫小鹅。这一饲养阶段称为育雏期，该阶段的成活率称为育雏率。雏鹅的培育是整个饲养管理的一个重要的基础环节。雏鹅培育的成功与否，直接影响雏鹅的生长发育和成活率，继而影响到育成鹅的生长发育和生产性能，对以后种鹅的繁殖性能也有一定的影响。因此，在养鹅生产中要高度重视雏鹅的培育工作，以培育出生长发育快、体质健壮、成活率高的雏鹅，为养鹅生产打下良好的基础。

1. 雏鹅的特点

培育雏鹅，首先必须了解雏鹅的生理特点和生活要求，这样才能施以相应的合理的饲养管理措施。雏鹅的特点，概括地讲有以下几个方面。

（1）生长发育快，新陈代谢旺盛：一般中、小型鹅种出壳重100g 左右，大型鹅种 130g 左右。长到 20 日龄时，小型鹅种的体重比出壳时增长 6～7 倍，中型鹅种增长 9～10 倍，大型鹅种可增长 11～12 倍。1 月龄时为初生重的 20 倍，肌肉的沉积也最快，肌肉率为 89.4%，脂肪为 7.2%。雏鹅体温高，呼吸快，体内新陈代谢旺盛，需水较多，育雏时水槽不可断水，以利于雏鹅的生长发育。为保证雏鹅快速生长的营养需要，在培育中要及时饮水、喂食和喂青，饲喂含有较高营养水平的日粮。

（2）被毛稀薄，体温调节能力差：雏鹅出壳后，全身仅被覆稀薄的绒毛,保温性能差,消化吸收能力又弱,因此对外界温度的变化缺乏自我调节能力,特别是对冷的适应性较差。随着日龄的增加,这种自我调节能力虽有所提高,但仍较薄弱,在21日龄内调节体温的生理功能还不完善,必须采用人工保温。在培育工作中,为雏鹅创造适宜的外部温度环境,能保证雏鹅的生长发育和成活。否则,会出现生长发育不良、成活率低,甚至造成大批死亡。

(3)雏鹅消化道容积小,消化能力弱:30日龄以内的小鹅,特别是20日龄以内的雏鹅,不仅消化道容积小、肌胃收缩力弱、消化腺功能差,而且吃下的食物通过消化道的速度比雏鸡快得多(雏鹅平均保留1.3小时,雏鸡为4小时)。群众说的“边吃边拉,60天可杀(出栏)”就是这个意思。因此,在给饲料时要少喂多餐,喂给易消化、全价的配合饲料,以满足其生长发育的营养需要。

(4)雏鹅易扎堆,饲养密度要适当:特别是20日龄内的雏鹅,当温度稍低时就易发生扎堆现象(但与低温情况下姿势不一样),常出现受捂压伤,甚至大批死亡。受捂小鹅即使不死,生长发育也慢,易成“小老鹅”。故民间养鹅户常说“小鹅要睡单,就怕睡成山(扎堆);小鹅受了捂,活像小老鼠(小老鹅)”。为防止上述现象的发生,在育雏期间应日夜照管,饲养密度要适当控制,防止雏鹅受捂、压伤。否则会出现生长缓慢的“僵鹅”。

(5)公、母雏生长速度不同:公、母雏鹅生长速度不同,同样饲养管理条件下,公雏比母雏增重高5%～25%,饲料报酬也较好。据国外试验报道,公、母雏鹅分开饲养,60日龄时的成活率要比公母雏鹅混合饲养高1.8%,每千克增重少耗料0.26kg,母鹅活重多 251g。所以在条件许可的情况下,育雏时应尽可能做到公、母雏鹅分群饲养,以便获得更高的经济效益。

(6)抗逆性差,易患病:雏鹅个体小,多方面功能尚未发育完善,所以对外界环境变化的适应能力较差,抗病力也较弱,加上育雏期饲养密集较高,更容易感染各种疾病,一旦发病损失严重,因此在日常管理和放水、放牧时要特别注意减少应激,同时要认真做好卫生防疫工作。

2. 育雏前的准备

(1)育雏方式:雏鹅的培育,按照给温方式的不同,分为自温育雏和人工给温育雏;按照空间利用方式的不同,分为平面育雏和立体笼式育雏。其中平面育雏包括地面平育和网上平育。

①按给温方式分

a. 人工给温育雏:依据给温来源不同,常用的育雏热源有:

电热保温伞给温:利用铝合金或木板、纤维板制成保温伞,以电热丝为热源,并接上自动控温装置。此法管理方便。如使用金属外罩,须接地线,以确保安全。

红外线灯给温伞:用 250 瓦红外线灯悬挂在育雏床上方,距床面 0.5～1cm;也可隔成小区,每 3～5m² 装一个红外线灯,在灯下可造成局部小气候。此法适宜不停电地区使用。

地下烟道式火炕给温:此法温度稳定,使雏鹅腹部受温,地面干燥,育雏效果好,而且结构简单、造价低,燃料可就地取材,煤、树叶、柴草、木炭均可。这种形式适用于家庭养鹅或专业户养鹅的育雏。

煤炉给温:利用煤炉作热源向育雏室供暖,保持育雏舍适宜雏鹅生活的环境温度。

煤气热源给温:室内敷设煤气管道,将排气孔设在室外,利用煤气热源提高室温。这种形式适用于无电源的地方。

不论采用何种给温形式,都必须根据不同日龄雏鹅所需要的温度参数加以掌握。

b. 自温育雏:在华东或华南一带气候较暖,多采用自温育雏。即利用鹅体自身发出的热量,采取保温措施,获得较好的温度条件来育雏。一般是将鹅放在铺有干燥清洁垫草的箩筐、木桶、纸箱、草围内,加盖保温物品,通过增减覆盖物、垫草厚度或调整雏鹅密度等措施来调节温度。保温用具最好是圆形的,因为有棱角的地方容易挤死雏鹅。这种育雏方法,设备简单、经济,但管理麻烦,卫生条件差,适于小群育雏和气候较暖和的地方。

②按空间利用方式分

a. 地面平育:即鹅舍地面上铺5~10cm厚垫料,雏鹅在上面自由活动,经常松动和更换垫料,把湿、脏垫料拿至室外晒干后再用。保温形式多用煤气热源、电热保温伞、地下烟道(或火炕)或自温育雏。此方式投资少但占地面积多,劳动强度大。

b. 网上或栅上平育:支起低床(距地面50cm)或高床(1m以上),上面铺塑料底网(网眼1.25cm×1.25cm)或竹栅(条距2cm),雏鹅在上面活动。育雏的一边留有过道,便于喂料和加水。过道可用软网围起,防雏鹅外跑。保温形式可用电热保温伞或煤炉作为热源进行育雏室保温。此方式优点是管理方便,劳动强度相对小,雏鹅与粪便接触机会少,可减少白痢和球虫病的发生。高床式清粪方便,上层温度高,省燃料。

c. 立体笼式育雏:可采用鸡的育雏笼,进行立体育雏,能充分利用空间,提高单位面积利用率,管理方便,劳动强度小;但投资大,成本高,目前普及率还不高。

(2)育雏季节的选择:育雏季节要根据种蛋的来源、当地的气候状况与饲料条件、人员的技术水平、市场的需要等因素综合确定,其中,市场需要尤为重要。一般来说,都是春季捉苗鹅,即"清明捉鹅"。这时,正是种鹅产蛋的旺季,可以大量孵化;气候由冷转暖,育雏较为有利;百草萌发,苦荬菜、莴苣可作为雏鹅开食吃青的饲料。当雏鹅长到 20 日龄左右时,青饲料已普遍生长,质地幼嫩,能全天放牧。到 50 日龄左右,仔鹅进入育肥期,刚好大麦收割,接着是小麦收割,可以放麦茬育肥,到育肥结束时,恰好赶上我国传统节日——端午节上市。广东省四季常青,一般是 11 月份前后捉雏鹅,这时饲养条件好,鹅儿长得快,仔鹅育肥结束刚好赶上春节市场需要。也有少数地方饲养夏鹅的,即在早稻收割前 60 天捉雏鹅,到早稻收割时利用稻茬田育肥,开春产蛋也能赶上春孵。在四川省隆昌县一带历来有养冬鹅的习惯,即 11 月份开孵,12 月份出雏,冬季饲养,快速育肥,春节上市。冬季养鹅,要解决好饲料供应问题,只要技术水平能适应、饲料供应能解决,可以养冬鹅,以充分利用栏舍、设备。吉林省冬季很冷,一向不宜养鹅,但该省的洮南市采用塑料薄膜扣压的暖棚,其内平均温度为 5~7℃,也能养鹅。另外,饲养条件较好、育雏设施比较完善的大型种鹅场和商品鹅场,可根据生产计划和鹅舍的周转情况进行全年育雏。

(3)初生雏鹅的分级和运输

①雏鹅的分级　每次孵化,总有一些弱雏和畸形雏,孵化成绩愈差,弱雏和畸形雏愈多。雏鹅经性别鉴定后,即可按体质强弱

进行分级,将畸形雏如弯头、弯趾、跛足、关节肿胀、瞎眼、顶脐、大肚、残翅等予以淘汰,弱雏单独饲养。这样可使雏鹅发育均匀,减少疾病感染机会,提高育雏率。一般鹅场应做到自繁自养,以降低死亡率,防止传染病的发生。若必须从外地或市场上采购雏鹅,则应掌握对健康雏、弱雏的鉴别方法,防止购入弱雏和病雏。选留的雏鹅应具备该品种的特征(如绒毛、喙脚的颜色和出壳重);淘汰那些不符合品种要求的杂色雏鹅。通过"一看、二摸、三听"的方法,大致可鉴别出强弱和优劣,见表3-1。一般刚出壳不久的健康雏,大小匀称,毛色整齐,手捉时挣扎有力,行走灵敏,活泼好动无畸形,眼睛明亮有精神。腹部不大而柔软,蛋黄吸收良好,脐孔处无结痂和血迹,叫声洪亮,胎粪排出正常,无尾毛污染。此外必须向售雏者了解清楚,如果种蛋来自未经小鹅瘟疫苗免疫过的母鹅群,则必须对初生雏鹅注射小鹅瘟疫苗。

②雏鹅的运输

a. 运前准备:安排具体进棚时间和数量,备好青绿饲料和精料,选好饲养人员并进行技术培训。对鹅舍进行维修,在春季砌好烟道等育雏设施,用塑料薄膜密封窗户和做好天棚,同时做好舍内消毒,试温2～3天。

表 3-1　雏鹅的挑选

项　目	强　雏	弱　雏
出壳时间	正常时间内	过早或最后出雏
绒毛	绒毛整洁,长短适合,色素鲜浓	蓬乱污秽,缺乏光泽,有绒毛短缺
体重	体态匀称,大小均匀	大小不一,过重或过轻

续表

项 目	强 雏	弱 雏
脐部	愈合良好，干燥，其上覆盖绒毛	愈合不好，脐孔大，触摸有硬块
腹部	大小适中，柔软	
精神	活泼、腿干结实、反应快	痴呆、闭目、站立不稳、反应迟钝
感触	饱满、挣扎有力	瘦弱、松软、无挣扎力

准备好运输工具，车辆性能要好，以带布篷车厢的车为宜。备齐鹅篮，鹅篮要求新、质量好、数量足。篮子直径为 85cm，高为 18cm，在 4～5cm 高处加一条边线，有利于筐子相叠。挑选具有一定运雏经验的运雏人员 2～3 人，其中 2 人在车上，观察厢内情况，及时调整。到达目的地后迅速点数，不耽搁时间。

b. 运输技术：雏鹅质量是影响长途运雏效果的首要因素。弱雏经过长时间颠簸，途中死亡多，育雏期成活率低，损失大，因此装运前必须认真挑选，选择健康雏进行运输。

运雏筐（箱）底部要垫一层薄薄的干净稻草，每篮装 80 只为宜。每车 10～140 只运雏筐（箱）。运雏筐（箱）排列整齐，并挤紧，以防止途中倾斜。一般运雏筐（箱）相叠 10 层左右，上面加个空运雏筐（箱）盖着，调节后盖雨布，保持温度在 30～34℃ 和空气新鲜，防止雏鹅缺氧、呼吸困难、窒息，使雏鹅处于舒适、安静的环境中。运输装车时，每行运雏筐（箱）之间要防止滑动。装卸时要小心平稳，避免倾斜。早春运雏时要带御寒的棉被等物件；夏季要携带雨具，并尽可能趁早晚凉爽时运输。运输途中应注意雏禽动态,如发现过热过冷或通风不良时应及时采取措施。水运方便的地方,也可以采用水运。

车辆行驶时速应为 40～50km/h,坚持"四快四慢"的原则,好路快、中途快、中午快、天气好快;弯路慢、开车和停车时慢、晚上慢、阴雨天慢。车辆行驶保持平稳、安全。一般晚上 10 时多起运,第二天早晨约 6 时到达目的地。若一车鹅苗要分多点饲养时,分发既要快、好,又要不出差错。

除交通检查和车辆事故外,一般不应停车,途中不宜吃饭和加油。遇到特殊情况,迅速判断,如果能在 1～3 小时内解决的,只要掌握车厢内气温,观察鹅群动态即可;若超过 3 小时以上,应立即联系别的车辆,重新装车,保证按时到达目的地。

(4)育雏室、育雏设备的准备和检修:接雏前要对育雏室进行全面检查,对有破损的墙壁和地板要及时修补,保证室内无"贼风"入侵,鼠洞要堵好;照明用线路、灯泡必须完好,灯泡个数及分布按每平方米 3 瓦的亮度安排;安装好取暖设备。如利用牛舍、猪舍或其他旧房改建成鹅舍时,只要符合鹅舍的要求,均可以使用,但其中最重要的是要求干燥、清洁、通风良好和有充足的采光面积。地面最好为水泥地面,以便于冲洗消毒。如为了节约成本,采用土质地面时,则要求地面土质必须吸水性好,同时采用厚垫料式饲养。按雏鹅所需备好料盆、水盆。

(5)育雏室、育雏用具的消毒:育雏室内外在接雏前 2～3 天应进行彻底的清扫消毒。墙壁可用 20％的石灰浆刷新,阴沟用 20％的漂白粉溶液消毒;地面、天棚用 10％硫酸-石炭酸溶液喷洒消毒,每立方米体积使用 0.5～1L 消毒液。喷洒后,关闭门窗 1 小时,然后敞开门窗,让空气流动,吹干室内。另外,育雏室出入处应设有消毒池和消毒盆,供进入育雏室人员随时进行消毒。

育雏用具如圈栏板、巢穴、食槽、水槽等皆可用 5％ 的热烧碱溶液洗涤,然后再用清水冲洗干净,防止腐蚀雏鹅黏膜。圈栏垫铺或巢穴的褥草应用干燥、松软、清洁、无霉烂的稻草或其他秸秆,盖巢穴的棉絮或麻袋,使用前须用阳光暴晒 1～2 天。育雏室出入处应设有消毒池,进入育雏舍人员随时进行消毒,严防病毒进入使雏鹅遭受病害侵袭。尤其值得注意的是,育雏室的地面不宜用石灰乳消毒,更不宜用石灰粉消毒,其原因是随人员的走动,易扬起石灰粉末,落入到雏鹅眼内引起结膜炎或易使空气混浊,导致气管炎。

(6)饲料与药品的准备:雏鹅一进入育雏舍就能吃到易消化、营养全面的饲料,而且要保证整个育雏期稳定的饲料水平。农村家庭养鹅户和专业户的雏鹅饲料,一般多用小米和碎米,经过浸泡或稍蒸煮后喂给。为使爽口、不粘嘴,蒸煮过的饲料,最好用水淘过以后再喂。这种饲料较单一,最好是从一开始就喂给混合饲料。1～21 日龄的雏鹅,日粮中粗蛋白质水平为20％～22％,代谢能为 11.30～11.72MJ/kg;28 日龄起,粗蛋白水平为 18％,代谢能为 11.72MJ/kg。喂配合料时,应注意饲料的适口性,不能粘嘴,若能制成颗粒饲料,饲喂效果更好。颗粒饲料的适口性好,而且比喂粉料节约 15％～30％ 的饲料。实践证明,喂给富含蛋白质日粮的雏鹅生长快、成活率高,比喂给单一饲料的雏鹅可提早 10～15 天达到上市出售的标准体重。另外,鹅是草食水禽,在培育雏鹅时要充分发挥其原有特性,补充日粮中维生素的不足时,最好将幼嫩菜叶切成细丝喂给。应满足雏鹅对青绿饲料的需要,比重占饲料的 60％～70％。缺乏青

料时,要在精料中补充 0.01％的复合维生素。一般每只雏鹅
4 周龄育雏期需备精 3kg 左右,优质青绿饲料 8～10kg。同时
要准备雏鹅常用的一些药品,如土霉素、多维、恩诺沙星、庆大霉
素、痢特灵等。如种鹅未免疫,还要准备小鹅瘟疫苗或抗血清、
小鹅瘟高免卵黄抗体。

(7)预温:雏鹅舍的温度应达到 15～18℃以上,才能进鹅
苗。地面或炕上育雏的,应铺上一层 10cm 厚的清洁干燥的垫
草,然后开始供暖。通常在进雏前 12～24 小时开始给育雏室供
热预温,使用地下烟道供热的则要提前 2～3 天开始预温。温度
表悬挂在高于雏鹅生活的地方 5～8cm 处,并观测昼夜温度变
化。

3. 育雏需要的条件

育雏的时间各地不一,可根据当地气温、青草的生长情况,
以节省精料,降低饲养成本,增加经济效益为原则。一般来说,
我国南方地区从早春 2 月份开始饲养雏鹅,北方农村多在 3～
6 月份,华南地区则在春秋两季饲养雏鹅。

鹅雏的生长发育要求良好的环境条件,除具有健康的雏苗
外,适宜的温度、湿度、密度、通风换气及光照等都是育雏期间必
须具备的条件。

(1)合适的温度:刚出壳的雏鹅,绒毛稀少,体质比较娇嫩,
身体又比其他雏禽大而呆笨,本身调节体温能力弱。为了防止
它们之间扎堆压伤或受热"出汗"而成僵鹅,必须人为地创造一
定的外界温度,即人工体温,需要有 2～3 周的时间,否则将影响
雏鹅的生长发育和成活率。

温度的高低,保温期的长短,因品种、季节、日龄和雏鹅的强弱而不同。如弱雏,早春或夜晚可适当提高 1℃。所谓育雏温度只是一种参考,在饲养过程中除看温度表和通过人的感觉器官估测掌握育雏的温度外,还可根据雏鹅的表现观察温度的高低。温度适宜,雏鹅安静无声,彼此虽似靠近,但无扎堆现象,吃饱后不久就睡觉;如果箱内或室内温度过低,雏鹅叫声频频而尖,并相互挤压,严重时发生堆集;如果温度过高,雏鹅向四周散开,叫声高而短,张口呼吸,背部羽毛潮湿,行动不安,放出吃料时表现口渴而大量饮水。发现上述两种情况,应及时调整。温度不能忽高忽低,温度过低,雏鹅受凉易感冒;温度过高,雏鹅体质将会变弱。

育雏期所需温度,可按日龄、季节及雏鹅体质情况进行调整。

(2)适宜的湿度:鹅虽然属于水禽,但怕圈舍潮湿,30 日龄以内的雏鹅更怕潮湿。俗话说:"养鹅无巧,窝干食饱"。潮湿对雏鹅健康和生长影响很大,若湿度高温度低,体热散发而感寒冷,易引起感冒和下痢。若湿度高温度亦高,则体散热发受抑制,体热积累造成物质代谢与食欲下降,抵抗力减弱,发病率增加。因此,育雏室应选择在地势较高,排水良好的沙质土壤为佳。育雏室的门窗不宜密封,要注意通风透光。室内相对湿度的具体要求是:0~10 日龄时,相对湿度为 60%~65%;11~21日龄时,为 65%~70%,参见表 3-2。室内不宜放置湿物,喂水时切勿外溢,要注意保持地面干燥。尤其是育雏笼,每次喂料后要增添垫料 1 次。自温育雏在保温与防湿上存在一定矛盾,如在加覆盖物时温度便上升,湿度也增加,加上雏鹅日龄增大,采食与排粪量增加,湿度将更大,因此,在加覆盖物保温时不能密封,应留一通气孔。此外,育雏室与育雏笼内温度、湿度相差较大,当揭开覆盖物喂饲时,很容易感冒,忽冷忽热,尤其寒冷季节更为严重。最好育雏室内应有保温设备,特别在大规模育雏中,不但管理方便而且可提高劳动效率和育雏效果。

表 3-2　鹅的适宜育雏温度与湿度

日龄	温度(℃)	相对湿度(%)	室温(℃)
1～5	27～28	60～65	15～18
6～10	25～26	60～65	15～18
11～15	22～24	65～70	15
16～20	20～22	65～70	15
20 以上	脱温		

(3)注意通风换气:由于雏鹅生长发育较快,新陈代谢非常旺盛,排出大量的二氧化碳和水蒸气,加之粪便中分解出的氨,使室内的空气受到污染,影响雏鹅的生长发育。为此,育雏室必须有通风设备,经常进行通风换气,保持室内空气新鲜。通风换气时,不能让进入室内的风直接吹到雏鹅身上,防止受凉而引起感冒。同时,自温育雏的覆盖物有气孔,不能盖严。

(4)适宜的密度:饲养密度直接关系到雏鹅的活动、采食、空气新鲜度。从集约化观点要求是适当的密度,在通风许可的条件下,可提高密度。但饲养密度过小,不符合经济要求,而饲养过大,则直接影响雏鹅的生长发育与健康。实践证明,每平方米的容雏数要考虑到品种类型、日龄、用途、育雏设备、气温等条

件。合理密度以每平方米饲养 8～10 只雏鹅为宜,每群以100～
150 只为宜。在正常的饲养管理下,雏鹅生长发育较快,要随日
龄的增加,对密度进行不断的调整,保持适宜的密度,保证雏鹅
正常生长发育。如果密度过大,鹅群拥挤,则生长发育缓慢,并
出现相互啄羽、啄趾、啄肛等现象。密度过小,当然也不经济。
具体的饲养密度见表 3-3。

表 3-3　雏鹅的饲养密度

日龄	饲养只数/m²
1～5	25
6～10	20～15
11～15	15～12
16～20	18～8

(5)正确的光照:要制定正确的雏鹅光照制度,并严格执行。
光照不仅对生长速度有影响,也对仔鹅培育期性成熟有影响。
光照量过度,种鹅性成熟提前。种鹅开产早,蛋形小,产蛋持续
性差。育雏期光照时间,育雏第 1 天可采用 24 小时光照,以后
每 2 天减少 1 小时,至 4 周龄时采用自然光照。

4. 雏鹅的饲养

(1)及早开水:当雏鹅从孵化场运来后,立即安排到事先准
备好并消毒过的育雏室里(育雏保温设备在雏鹅到达前先预热
升温),稍事休息,应随即喂水。如果是远距离运输,则宜首先喂

给 5%～10% 的葡萄糖水,这对提高育雏成绩很有帮助,其后就可改用普通清洁饮水。饮水训练是将雏鹅(逐只或一部分)的嘴在饮水器里轻轻按 1 次或 2 次,使之与水接触,如果批量较大,就训练一部分小鹅先学会饮水,然后通过模仿行为使其他小鹅相互学习。但是饮水器放置位置要固定,切忌随便移动。一经饮水后,决不能停止,保证随时都可喝到水,天气寒冷时宜用温水。

初次饮水要在开料之前进行,有的地方称"潮口",这是很重要的一关。之所以重要,是由于出壳时腹内带有一个几乎没有被利用的蛋黄,它可为出壳后的雏鹅维持 90 小时的生命。雏鹅从出壳运到育雏室直到喂料这一段时间里的生命活动,全靠体内卵黄供应能量和营养,而卵黄在吸收过程中,需消耗较多的水分,所以,进入育雏室的第一件事就是先饮水。生命活动少不了水,养分的吸收一定需要水参与才能完成,这是生命化学过程的常识。然而,有些地方对此极不重视,雏鹅只喂给一些浸湿的碎米和青饲料,因此水分远远不能满足需要。在几天或几小时后,突然喂水时或放到水池里,立即引起"呛水"暴饮,造成生理上酸碱平衡失调的所谓"水中毒",死亡率极高,这些事例常有发生。也有的地方采用把小鹅放在竹筐里,再把竹筐放在水盆里或者河水里,让小鹅隔筐站在水中(3～4cm 深),使之接触水、喝水,即所谓点水,目的之一也是喝水,但这种方法易弄湿绒毛而受凉,必须谨慎从事。

如果雏鹅较长时间缺水,为防止因骤然供水引起暴饮造成的损失,宜在饮水中按 0.9% 的比例加入些食盐,调制成生理盐水,这样的饮水即使暴饮也不会影响血液中正负离子的浓度。故无须担心暴饮造成的"水中毒"。

表 3-4　大、中、小鹅雏鹅水（食）盆规格

日龄	盆直径（cm）		盆高（cm）		竹条间距（cm）		饲喂数（只）	
	大、中型	小型	大、中型	小型	大、中型	小型	大、中型	小型
1～10	17	15	5	5	2.5～3	3	13～15	14～16
11～20	24	22	7	7	3.5～4	3.5	13～15	13～14
21～40	30	28	9	9	4.5～5	4.5	12～14	13～14

饮水器内水的深度以 3cm 为宜。随着雏鹅的成长，在放牧时可放入浅水塘活动（以浸没颈部为准），但必须在气温较高时进行，时间要短，路程要近。随着年龄增长，可以延长路线和放牧时间。过迟开始饮水，不仅会脱水，造成死亡，也影响活重和生长发育，俗称"老口"，较难饲养。

现介绍一些雏鹅水（食）盆规格，如表 3-4。

（2）适时开食：刚出壳的雏鹅，其腹内卵黄虽能满足 3～4 天的营养需要，但不能等到第 4 天才开始喂食，因为雏鹅从利用卵黄转为利用饲料需要一个过程。一般来说，第 4 天起，体内卵黄已基本被吸收利用完了，体重较原来轻，俗称"收身"，这时食欲增强，消化能力也较强。如果不适时开食，能量和养分供应就会产生脱节现象，对生长发育不利。适时开食还能促进胎粪排出，刺激食欲。

开食必须在第一次饮水后，当雏鹅开始"起身"（站起来活动）并表现有啄食行为时进行。一般是在出壳后 24～36 小时内开食。

开食的精料多为细小的谷实类，常用的是碎米和小米，经清

水浸泡 2 小时,喂前沥干水。开食的青料要求新鲜、易消化,常用的是苦荬菜、莴苣叶、青菜等,以幼嫩、多汁的为好。青料喂前要剔除黄叶、烂叶和泥土,去除粗硬的叶脉、茎秆,并切成 1～2mm 宽的细丝状。饲喂时把加工好的青料放在手上晃动,并均匀地撒在草席或塑料布上,引诱雏鹅采食。个别反应迟钝、不会采食的鹅,可将青料送到其嘴边,或将其头轻轻拉入饲料盆中。开食可以先青后精,也可先精后青,还可以青精混合。开食的时间约为半小时,开食时的喂量一般为每 1 000 只雏鹅 5kg/天青料,2.5kg/天碎米,分 6～10 次(包括夜晚)饲喂。在华东、华南地区,也有用米饭代替浸泡碎米的,但饭粒不可太烂,以饭粒彼此能散开为宜。青料在切细时不可挤压。切碎的青料不可存放过久。雏鹅对脂肪的利用能力很差,饲料中应忌油,不要用带油腻的刀切青料,更不要加喂含脂肪较多的动物性饲料。

　　(3)饲料与饲喂方法:雏鹅的饲料包括精料、青料、矿物质、维生素和添加剂等,刚出壳的雏鹅消化功能较差,应喂给易消化的富含能量、蛋白质和维生素的饲料。在现代集约化养鹅中多喂以全价配合饲料。3 周内的雏鹅,日粮中营养水平应按饲料标准配制,见表 3-5～表 3-7。1～21 日龄的雏鹅,日粮蛋白质水平为 20%～22%,代谢能为 11.30～11.72MJ/kg;28 日龄起,粗蛋白水平为 18%,代谢能为 11.72MJ/kg。饲喂颗粒料较粉料好,因其适口性好,不易粘嘴,浪费少。喂颗粒料还比喂粉料节约 15%～30%的饲料。实践证明,喂给富含蛋白质日粮的雏鹅生长快、成活率高,比喂单一饲料的雏鹅可提早 10～15 天达到上市出售的标准体重。另外,鹅是草食水禽,在培育雏鹅时要充分发挥其生物学特性,补充日粮中维生素的不足时,最好用幼嫩菜叶切成细丝喂给。应满足雏鹅对青绿饲料的需要,缺乏青料时,要在精料中补充0.01%的复合维生素。

育雏期饲喂全价配合饲料时,一般都采用全天供料,自由采食的方法。传统育雏的饲喂方法如下:

1～3日龄:青饲料要剔除老叶、黄叶与烂叶,再除去粗叶脉与泥土,洗净后切成1～2mm宽的细丝状。1日龄每千只日耗青料5kg,碎米2.5kg。每昼夜喂6次。以后雏鹅都要这样饲喂,但喂量渐增,到3日龄时每1 000只鹅用碎米5kg/天,青料12.5kg/天,同时满足其饮水要求。

表3-5　美国NRC(1994年)鹅的饲养标准

营养成分	开食阶段 (0～4周龄)	生长阶段 (4周以后)
代谢能(MJ/kg)	12.13	12.55
粗蛋白(%)	20	15
赖氨酸(%)	1	0.85
蛋氨酸＋胱氨酸(%)	0.60	0.50
维生素A(国际单位)	1 500	1 500
维生素D(国际单位)	200	200
维生素B_2(mg)	3.8	2.5
泛酸(mg)	15	10
烟酸(mg)	65	35
胆碱(mg)	1 500	1 000
钙(%)	0.65	0.6
有效磷(%)	0.3	0.3

表 3-6　法国鹅营养需要推荐量

	0～3 周		4～6 周		7～12 周		种鹅	
代谢能（MJ/kg）	10.87	11.70	11.29	12.12	11.29	12.12	9.2	10.45
粗蛋白（%）	15.8	17.0	11.6	12.5	10.2	11.0	13.0	14.8
赖氨酸（%）	0.89	0.95	0.56	0.60	0.47	0.50	0.58	0.66
蛋氨酸（%）	0.40	0.42	0.29	0.31	0.25	0.27	0.23	0.26
含硫氨基酸（%）	0.79	0.85	0.56	0.60	0.48	0.52	0.42	0.47
色氨酸（%）	0.17	0.18	0.13	0.14	0.12	0.13	0.13	0.15
苏氨酸（%）	0.58	0.62	0.46	0.49	0.43	0.46	0.40	0.45
钙（%）	0.75	0.80	0.75	0.80	0.65	0.70	2.60	3.00
氯（%）	0.13	0.14	0.13	0.14	0.13	0.14	0.12	0.14
总磷（%）	0.67	0.70	0.62	0.65	0.57	0.60	0.56	0.60
有效磷（%）	0.42	0.45	0.37	0.40	0.32	0.35	0.32	0.36
钠（%）	0.14	0.15	0.14	0.15	0.14	0.15	0.12	0.14
日采 量（g） 产蛋初期							170	150
产蛋末期							350	300

表 3-7　原苏联鹅的饲养标准（每千克饲粮含量）

营养成分	日　　龄			种　　鹅
	1～21	21～60	60～180 后备鹅	
代谢能（MJ/kg）	11.70	11.70	10.87	10.45
粗蛋白质（%）	20	18	14	14
粗纤维（%）	5.0	7.0	8.9	10.0

续表

营养成分	日　龄			种　鹅
	1～21	21～60	60～180 后备鹅	
钙(%)	1.6	1.6	2.0	1.6
磷(%)	0.8	0.8	0.8	0.8
盐(%)	0.4	0.4	0.4	0.4
饲料量				330
赖氨酸(%)	1.00	0.90	0.70	0.63
蛋氨酸(%)	0.5	0.45	0.35	0.35
胱氨酸(%)	0.28	0.25	0.20	0.20
色氨酸(%)	0.22	0.20	0.16	0.16
精氨酸(%)	1.00	0.90	0.70	0.82
组氨酸(%)	0.47	0.42	0.33	0.33
亮氨酸(%)	1.66	1.49	1.15	0.95
异亮氨酸(%)	0.67	0.60	0.47	0.47
苯丙氨酸(%)	0.83	0.74	0.57	0.49
酪氨酸(%)	0.37	0.33	0.26	0.32
苏氨酸(%)	0.61	0.55	0.43	0.46
缬氨酸(%)	1.05	0.94	0.73	0.67
甘氨酸(%)	1.10	0.99	0.77	0.77
维生素 A (百万单位/t)	10	5	5	10

营养成分	日 龄			种 鹅
	1～21	21～60	60～180 后备鹅	
维生素 D（百万单位/t）	1.5	1.0	1.0	1.5
维生素 E(g/t)	5	/	/	5.0
维生素 K(g/t)	2	1	1	2
维生素 B_2(g/t)	2	2	2	3
维生素 B_3(g/t)	10	10	10	10
维生素 B_4(g/t)	1 000	1 000	1 000	1 000
烟酸(g/t)	30	30	30	20
维生素 B_6(g/t)	2	/	/	/
维生素 B_1(g/t)	0.5	/	/	/
维生素 B_{12}(g/t)	25	25	25	25
锰(g/t)			50	
锌(g/t)			50	
铁(g/t)			25	
铜(g/t)			2.5	
钴(g/t)			2.5	
碘(g/t)			1.0	

4～10 日龄:这个时期的雏鹅,食欲和消化能力有所增强,喂量要逐步增加。7 日龄时每 1 000 只鹅用碎米 15kg/天,青料 37.5kg/天;10 日龄时提高到碎米 21kg/天,青料 77.5kg/天左

右。碎米浸泡同前,如果是米饭可逐步增加硬度。青料切碎的宽度可略增加,达 2~3mm。饲喂次数适当减少,可每天喂 6~8 次,其中夜间 2 次或 3 次。此时可在饲料中加一些煮熟的蛋黄或含脂肪较少的植物性蛋白饲料。上述喂量只是参考量,实际饲喂时以掌握八成饱为宜,因为这时雏鹅的消化能力还较差。从 4 日龄起,雏鹅的饲料中应添加沙砾,大小以能吃下去即可。

11~20 日龄:精料可由熟喂逐步过渡为生喂,生喂的逐渐转为少浸泡或不浸泡,也可渐转为用混合精料。青料宽度可增为 3~5mm,并逐步增加青料的比例,使其比例增至 80%~90% 的水平。每天喂给的次数,可减少为 6 次,其中晚上 2 次。如天气晴朗、暖和,可以开始放牧,让鹅采食青草,放牧前不喂料。这一阶段内,青料中可包括切碎的较粗硬的叶柄、叶脉。

21~30 日龄:雏鹅对外界环境的适应性增加,消化能力也加强。日粮中的精料可由米逐步转变为"开口谷",即煮至外壳裂开的谷实,或用浸泡过的谷实,也可以用混合精料。青料的切碎宽度可再增到 5~10mm,日粮中青料的比例可增加到 90%~92%。这时,也要逐步延长放牧时间。舍饲一般每天喂 5 次,其中晚上 1 次或 2 次。

鹅没有牙齿,对食物的机械消化主要依靠肌胃的挤压、磨切,除肫皮可磨碎食物外,还必须有沙砾协助,以提高消化率,防止消化不良。雏鹅 3 天后饲料中就可掺些沙石,以能吞食又不致随粪便排出的颗粒大小为度。添加量应在 1% 左右,10 日龄前沙砾直径为 1~1.5mm,10 日龄后改为 2.5~3mm。每周喂量 4~5g。也可设沙砾槽,雏鹅可根据自己的需要觅食。放牧鹅可不喂沙砾。

雏鹅生长很快,水盆、饮水器和食盆、食槽每隔 10 天就要更换。食槽的规格:1～7 日龄鹅为 90cm(长)×7cm(宽)×5cm(高),8～20 日龄为 90cm(长)×18cm(宽)×7cm(高)。雏鹅阶段如采用配合饲料进行饲养则效果更好。

(4)良好的放牧:放牧就是让雏鹅到大自然中去采食青草,饮水嬉水,运动与休息。通过放牧,可以促进雏鹅新陈代谢,增强体质,提高适应性和抵抗力。

雏鹅身上仅长有绒毛,对外界环境的适应性不强。雏鹅从舍饲转为放牧,是生活条件的一个重大改变,必须掌握好,循序渐进。雏鹅初次放牧的时间,可根据气候而定,最好是在外界与育雏温度接近、风和日丽时进行,通常热天是在出壳后 3～7 天,冷天是在出壳后 10～20 天进行初次放牧。放牧前喂饲少量饲料后,将雏鹅缓慢赶到附近的草地上活动,让其采食青草约半小时,然后赶到清洁的浅水池塘中,任其自由下水几分钟,再赶上岸让其梳理绒毛,待毛干后赶回育雏室。

初次放牧以后,只要天气好,就要坚持每天放牧,并随日龄的增加而逐渐延长放牧时间,加大放牧距离,相应减少喂青料次数。为了争取放牧良好,要掌握牧鹅技术,主要是:

①掌握指挥技巧:要鹅听从指挥,必须从小训练,关键在于让鹅群熟悉指挥信号和"语言信号",选择好"头鹅"(带头的鹅)。如果用小红旗或彩棒作指挥信号,在雏鹅出壳时就应让其看到,以后在日常饲养管理中都用小红旗或彩棒来指挥,旗动鹅行,旗停鹅停,并与喂食、放牧、收牧、下水行为等逐步形成固定的"语言信号",形成条件反射。头鹅身上要涂上红色标志,便于寻找。

放牧只要综合运用指挥信号和"语言信号"，充分发挥头鹅的作用，就能做到招之即来，挥之即去。

②选好放牧场地：雏鹅的放牧场地，要求近（离育雏室距离近）、平（道路平坦）、嫩（青草鲜嫩）、水（有水源，可以喝水、洗澡）、净（水草洁净，没有疫情和农药、废水、废渣、废气或其他有害物质污染）。最好不要在公路两旁和噪声较大的地方放牧，以免鹅群受惊吓。

③合理组织鹅群：放牧的鹅群以 300～500 只为宜，最多不要超过 600 只，由两位放牧员负责。同一鹅群的雏鹅，应该日龄相同，否则大的鹅跑得快，小的鹅走得慢，难以合群。鹅群太大不好控制，在小块放牧地上放牧常造成走在前面的鹅吃得饱，落在后面的鹅吃不饱，影响生长发育的均匀度。

④妥善安排放牧时间：雏鹅的放牧应该"迟放早收"。上午第一次放鹅的时间要晚一些，以草上的露水干了以后放牧为好，下午收鹅的时间要早一些。如果露水未干就放牧，雏鹅的绒毛会被露水沾湿，尤其是腿部和腹下部的绒毛湿后不易干燥，早晨气温又偏低，易使鹅受凉，引起腹泻或感冒。初期放牧每天 2 次，每次约半小时，上、下午各 1 次，以后逐渐增加次数，延长时间，到 20 日龄后，雏鹅已开始长大毛的毛管，即可全天放牧，只需夜晚补饲 1 次。

⑤加强放牧管理：放牧员要固定，不宜随便更换。放牧前要仔细观察鹅群，把病、弱鹅和精神不振的鹅留下，出牧时点清鹅数。放牧雏鹅要缓赶慢行，禁止大声吆喝和紧迫猛赶，防止惊鹅和跑场。阴雨天气应停止放牧。雨后要等泥地干到不粘脚时才能出牧。平时要注意听天气预报和看天气变化，避免鹅群受烈

日暴晒和风吹雨淋。放牧时要观察鹅群动态,待大部分鹅吃饱后,让鹅下水活动,活动一段时间后赶上岸蹲地休息,休息到大部分雏鹅因饥饿而躁动时,再继续放牧,如此反复。所谓吃饱,是指鹅采食青草后,食道膨大部逐渐增大、突出,当发鼓发胀部位达到喉头下方时,即为一个饱。随着日龄的增长,先要让鹅逐步达到放牧能吃饱,再往后争取达到1天多吃几个饱。雏鹅蹲地休息时,要定时驱动鹅群,以免睡着受凉。收牧时要让鹅群洗好澡,并点清鹅数,再返回育雏室。对没有吃饱的雏鹅,要及时给予补饲。

5. 雏鹅的管理

雏鹅的管理是育雏成败的关键之一,对提高雏鹅成活率和增重有直接影响。俗话说"育雏如育婴"、"四分饲料,六分管理",可见管理之重要。雏鹅管理的主要内容有:

(1)注意适时脱温:一般雏鹅的保温期为20～30日龄,适时脱温可以增强鹅的体质。过早脱温时,雏鹅容易受凉,而影响发育;保温太长,则雏鹅体质弱,抗病力差,容易得病。雏鹅在4～5日龄时,体温调节能力逐渐增强。因此,当外界气温高时,雏鹅在3～7日龄可以结合放牧与放水的活动,逐步外出放牧,就可以开始逐步脱温。但在夜间,尤其在凌晨2～3时,气温较低,应注意适时加温,以免受凉。冷天在10～20日龄,可外出放牧活动。一般到20日龄左右时可以完全脱温,冬季育雏可在30日龄脱温。完全脱温时,要注意气温的变化,在脱温的头2～3天,若外界气温突然下降,也要适当保温,待气温回升后再完全脱温。

（2）及时分群防堆：由于种蛋、孵化技术等多种因素的影响，同期出壳的雏鹅体质强弱差异仍不小，以后又会因饲养等多种因素的影响造成强弱不均，必须定期按强弱、大小分群，并将病雏及时挑出隔离，对弱群加强饲养管理。否则，强鹅欺负弱鹅，会引起挤死、压死、饿死弱雏的事故，生长发育的均匀度将越来越差。

在自温育雏时，尤其要控制鹅群密度，第 1 周一般在直径 35～40cm 的筐或折圈中养 15 只左右，以后逐渐减为养 10 只左右。给温育雏时，也要注意饲养密度，每平方米面积养雏鹅数为：1～5 日龄 25 只，6～10 日龄 15～20 只，11～15 日龄 12～15 只，15 日龄后为 8～10 只，每群以 100～150 只为宜。合理的密度，既有利于雏鹅生长发育，又能提高育雏室的利用效率，还可以防止"打堆"时压伤、压死雏鹅。

在整个育雏过程中，不论何种育雏方式，都要防止鹅群"打堆"（即相互挤堆在一起）。雏鹅怕冷，休息时常相互挤在一起，严重时可能堆积 3 层或 4 层，压在下面的鹅常常发生死伤。自开食以后，育雏员应每隔 1 小时"起身"1 次，夜间和气温较低时，尤其要注意经常检查。起身时用手抄动，拨散挤在一起的雏鹅，使之活动，以调节温度，蒸发水汽。随着日龄的增长，起身间隔延长，次数减少，同时通过合理分群、控制饲养密度来避免扎堆及其伤害。防止挤堆，这是提高育雏成活率的重要一环。

（3）疫病防治：购进的雏鹅，一定要确认种鹅是否进行过小鹅瘟疫苗免疫，若没有应尽快进行小鹅瘟疫苗接种，以免造成重大经济损失。雏鹅的抵抗力较低，一定要做好清洁卫生工作。青饲料要新鲜卫生，饮水要清洁，场地要勤扫，垫料要勤换勤晒，用具要经常清洗消毒。饲料中添加药物防病,一般用土霉素片,每片(50万单位)拌料500g,每天2次,可防治一般细菌性疾病。添加钙片可防止骨软症。发现少数雏鹅拉稀,使用硫酸庆大霉素片剂或针剂,口服或注射,每只1万～2万单位,每天2次。如发现鹅患流行性感冒应及时治疗,用青霉素3万～5万单位肌内注射,每天2次,连用2～3天。磺胺嘧啶片首次口服1/2片(0.25g),以后每隔8小时服1/4片,连用2～4天。总之,要以防为主,发现疾病立即隔离治疗,保证雏鹅健康生长。

(4)防止应激:在5日龄内的雏鹅,每次喂料后,除了保证其10～15分钟在室内活动外,其余时间都应让其休息睡眠。所以,育雏室里环境应安静,严禁粗暴操作、大声喧哗引起惊群,光线不宜亮,灯泡功率不要超过40瓦,而且要悬高,只要能让雏鹅看到饮水吃料就行,夜晚点灯以驱避老鼠、黄鼠狼等。电灯泡以有颜色的特别是蓝色比较好,它可减少雏鹅彼此间啄毛癖的发生,而且对雏鹅眼睛刺激较为温和。30日龄后逐渐减少照明时间,直到停止照明使用自然光照为止。如果采用红外线灯泡作保温源时,悬挂高度必须离垫料不低于30cm,否则易引起火灾。在放牧过程中,不要让狗及其他兽类突然接近鹅群,注意避开火车、汽车的高声鸣叫。

6. 育雏效果的检测

检测育雏效果的标准,主要是育雏率、雏鹅的生长发育(活重、羽毛生长速度)。要求雏鹅在育雏期末成活率在85%以上(按品种、不同育雏方式、育种方案而定)。

活重是很重要的综合性技术指标,称重后应与各品种(品系、配套系)标准体重对照,要求均匀度也能在 80% 以上。如太湖鹅 1 月龄重应达 1.25kg,皖西白鹅应达 1.5kg,狮头鹅应达 2kg。

羽毛生长情况,如太湖鹅 1 月龄时应达"大翻白"(即全身胎毛由黄翻白),浙东白鹅应达"三白"(即两肩和尾部脱落了胎毛),雁鹅应达"长大毛"(即尾羽开始生长)。

7. 转群及大雏的选择

通常雏鹅 30 日龄脱温后要转群,转群时结合进行大雏的选留。按照各品种(品系及配套系)的育种指标,进行个体的选择、称重、戴上肩号。淘汰不合格者,作为商品鹅所用。留种者转入中鹅(仔鹅)群继续培育。

大雏选择是在出壳雏鹅选择群体的基础上进行的,选择的着眼点,主要是看发育速度、体型外貌和品种特征。具体要求是,生长发育快,脱温体重大。大雏的脱温体重,应在同龄、同群平均体重以上,高出 1~2 个标准差,并符合品种发育的要求;体型结构良好。羽毛着生情况正常,符合品种或选育标准要求;体质健康、无疾病史的个体。淘汰那些脱温体重小,生长发育落后,羽毛着生慢以及体型结构不良的个体。

(三)中鹅的饲养管理

中鹅,俗称仔鹅,又称生长鹅、青年鹅或育成鹅,是指从 30 日龄以上到选入种用或转入肥育时为止的鹅。在我国对于中小型品种而言,就是指 30 日龄以上至 70 日龄左右的鹅(品种之间有差异）；大型品种，如狮头鹅则是指 30 日龄至 90 日龄的鹅。其后，留做种用的中鹅称为后备种鹅，不能作种用的转入育肥群，经短期育肥供食用，即所谓肉用仔鹅。中鹅阶段生长发育的好坏，与上市肉用仔鹅的体重、未来种鹅的质量有密切的关系。这个时期的饲养特点是以放牧为主、补饲为辅的饲养方式。充分利用放牧条件，加强锻炼，以培育出适应性强、耐粗饲、增重快的鹅群，为选留种鹅或转入育肥鹅打下良好基础。因此，中鹅的饲养管理也是重要的一环。

1. 中鹅的特点

雏鹅经过舍饲育雏和放牧锻炼，进入中鹅阶段。这个阶段的特点是，鹅的消化道容积增大，消化能力和对外界环境的适应性及抵抗力增强。中鹅阶段也是骨骼、肌肉和羽毛生长最快阶段，并能大量利用青绿饲料。这时应以多喂青料或进行放牧饲养最为适合，这也是目前最经济的饲养方法。放牧饲养，鹅能得到充分的运动，增强体质，提高生活力。实践证明，放牧在草地和水面上的鹅群，由于经常处在新鲜空气环境中，不仅能采食到含维生素和蛋白质营养丰富的青绿饲料，而且还能得到充足阳光和足够的运动量，促进肌体新陈代谢、体质健壮，增强鹅对外界环境的适应性和抵抗力。正如饲养者所说："鹅要壮，需勤放；鹅要好，放青草。"这充分说明放牧对促进中鹅生长发育的重要作用。从这些特点出发，中鹅饲养管理的重点是采取以放牧为主，补饲为辅的饲养方式，充分利用放牧条件，加强锻炼，以培育出适应性强、耐粗饲、增重快的鹅群，为选留种鹅或转入育肥鹅打下良好基础。

2. 中鹅的饲养

中鹅的饲养，主要有三种形式，即放牧饲养、放牧与舍饲结合关棚饲养（即舍饲）。我国大多数采用放牧饲养，因为这种形式所花饲料与时间最少，经济效益好。如果牧地不够或牧草数量和质量达不到要求，就采取放牧和舍饲相结合的形式。关棚饲养主要在集约化饲养时采用，另外在养"冬鹅"时，因为天气冷，没有青饲料，也可采用关棚饲养。

中鹅饲养的关键是抓好放牧。放牧技术基本上与雏鹅相同，但也有不同之处。中鹅放牧场地要有足够数量的青绿饲料，对草质要求可以比雏鹅的低些。一般来说，300只规模的鹅群需自然草地100亩左右或有人工草地50亩左右。农区耕地内的野草、杂草以及十边草地，每亩可养鹅1～2只。有条件的可实行分区轮牧制，每天放1块草地，放牧间隔在15天以上，把草地的利用和保护结合起来。放牧场地中要包括一部分茬口田或有野草种子的草地，使鹅在放牧中能吃到一定数量的谷物类精料，防止能量不足。群众的经验是"夏放麦场，秋放稻场，冬放湖塘，春放草塘"。放牧时间要尽量延长，逐步做到以赶放方式全天放牧，早出晚归或早放晚宿。一般每天放牧9小时左右，有可能则尽量长一些，要吃5～6个饱，以适应鹅"多吃快拉"的特点。牧鹅常呈狭长方形对阵，出牧和回棚时赶鹅速度宜慢，特别是对吃饱以后的鹅群。牧地小、草料多时，鹅群要拢紧些，反之则要放散些，让其充分自由采食。归牧前一定要让鹅吃饱吃好，以防止夜间挨饿。中鹅的放水也要充足，除每次吃饱后放水以外，在天气较热时，如发现鹅烦躁不安，呼吸急促，应及时放水，也可每隔半小时放水 1 次。正如禽谚所说，"要鹅长得壮，一天要换三个塘"，"养鹅无巧，清水清草"，"有草有水好养鹅"。出牧与归牧仍要清点鹅数，通常利用牧鹅竿配合，每 3 只一数，很快就数清，这也是群众的实际经验。如放牧能吃饱喝足，可以不补饲；如吃得不饱，或者当日最后 1 个饱未达到十成饱，或者肩、腿、背、腹正脱落旧毛、长出新羽时，应该给予补饲。补饲量应视草情、鹅情而定，以满足需要为佳。补饲时间通常安排在中午或傍晚。刚由雏鹅转为中鹅时，可继续适当补饲，但应随时间的延长，逐步减少补饲量。

如果采取关棚饲养，即全舍饲，则根据中鹅的饲养标准配制全价配合饲料。如豁眼鹅中鹅的日粮代谢能为 $11.30MJ/kg$，粗蛋白质 18.1%，粗纤维 5%，钙 1.6%，磷 0.9%，赖氨酸 0.7%，蛋氨酸＋胱氨酸 0.77%，食盐 0.4%。

40 日龄以后，随着鹅体的长大，食盆大小可改为：直径 $45\sim60cm$，深 $12\sim20cm$，槽边距地面 $15\sim35cm$。

3. 中鹅的管理

主要内容与雏鹅期相似，但不必像鹅雏时那么精细。中鹅管理的关键是抓好放牧。实践证明，放牧在草地和水面上的鹅群，由于经常处在新鲜空气环境中，不仅能采食到含维生素和蛋白质营养丰富的青绿饲料，而且还能得到充足阳光和足够达到的运动量，促进机体新陈代谢、体质健壮，增强鹅对外界环境的适应性和抵抗力。正如饲养者所说："鹅要壮，需勤放。鹅要好，放青草"。这充分说明放牧对促进中鹅生长发育的重要作用。为了使中鹅得到最快增重，在管理上应注意做好下列事项：

　　(1)放牧场地的选择和合理利用:中鹅的放牧场地要有足够数量的青绿饲料,对草质要求可以比雏鹅的低些。一般来说,300只规模的鹅群需自然草地约7公顷或有人工草地约3.5公顷。农区耕地内的野草、杂草以及草地,每亩可养鹅1~2只。有条件的可实行分区轮牧制,每天放1块草地,放牧间隔在15天以上,把草地的利用和保护结合起来。放牧场地中要包括一部分茬口田或有野草种子的草地,使鹅在放牧中能吃到一定数量的谷物类精料,防止能量不足。群众的经验是"夏放麦场,秋放稻场,冬放湖塘,春放草塘"。

　　(2)中鹅的放牧管理

　　①放牧时间:放牧初期要控制时间,每天上下午各放一次,活动时间不要太长,如在放牧中发现仔鹅有怕冷的现象,应停止放牧。以后随日龄增大,逐渐延长放牧时间,直至整个上下午都在放牧,但中午要回棚休息2小时。鹅的采食高峰是在早晨和傍晚,早晨露水多,除小鹅时期不宜早放外,待腹部羽毛长成后,早晨尽量早放,傍晚天黑前,是又一个采食高峰,所以应尽可能将茂盛的草地留在傍晚时放。

　　②适时放水:放牧要与放水相结合,当放了一段时间,鹅吃到八九成饱后(此时有相当多鹅停下来采食时),就应及时放水,把鹅群赶到清洁的池塘中充分饮水和洗澡,每次约半小时,然后赶鹅上岸、抖水、理毛、休息。放水的池塘或河流的水质必须干净、无工业污染;塘边、河边要有一片空旷地。

　　③鹅群调教:鹅的合群性比鸭差,放牧前应进行调教,尤其要注意培训和调教"头鹅",中鹅的调教方法同前述雏鹅。先将各个小群的鹅并在一起吃食,让它们互相认识、互相亲近,几天

后再继续扩大群体,加强合群性。当群鹅在遇到意外情况时也不会惊叫走散后,开始在周围环境不复杂的地方放牧,让鹅群慢慢熟悉放牧路线。然后进行放牧速度的训练,按照空腹快、饱腹慢、草少快、草多慢的原则进行调教。

④放牧鹅群的大小:根据管理人员的经验与放牧场地而定,一般100～200只一群,由1人放牧;200～500只为一群的,可由两人放牧;若放牧场地开阔,水面较大,每群亦可扩大到500～1 000只,需要2～3个劳力管理。如果管理人员经验丰富,群体运量可以扩大。但不同年龄、不同品种的鹅要分群管理,以免在放牧中大欺小、强凌弱,影响个体发育和鹅群均匀度。

⑤放牧与点数方法:放牧方法有领牧与赶牧两种。小群放牧,1人管理用赶牧的方法;2人放牧时可采取一领一赶的方法;较大群体需3人放牧时,可采用两前一后或两后的方法,但前后要互相照应。遇到复杂的中段或横穿公路,应一人在前面将鹅群稳住,待后面的鹅跟上后,循序快速通过。

出牧与归牧要清点鹅数,通常利用牧鹅竿配合,每3只数,很快就数清,这也是群众的实际经验。

⑥采食观察与补饲:如放牧能吃饱喝足,可以不补饲料;如吃得不饱,或者当日最后一个“饱”未达到十成饱,或者肩、腿、背、腹正在脱落旧毛、长出新羽时,应该给予补饲。补饲量应视草情、鹅情而定,以满足需要为佳。补饲时间通常安排在中午或傍晚。刚由雏鹅转为中鹅时,可继续适当补饲,但应随时间的延长,逐步减少补饲量。白天补料可在牧地上进行,这可减少鹅群往返而避免劳累。为了使鹅群在牧地上多吃青草,白天补料时不喂青料,只给精料。喂料时,要认真观察中鹅的采食动作如食

管的充容度,这能及时了解病鹅。凡健康、食欲旺盛者,表现为动作敏捷,抢着吃,不挑剔;一边采食,一边摆脖子下咽,食管迅速膨大增粗,并往右移,嘴呷不停地往下点,民间称之为"压食"。凡食欲不振者,表现为采食时抬头,东张西望,嘴呷含着料,不愿下咽,有的嘴呷角吊几片菜叶,头不停地甩或动作迟钝,或站在旁边不动,有此情形者疑为有病,必须立即将其抓出,进行检查并隔离饲养。

40日龄以后,随着鹅体的长大,食盆大小可改为:直径45～60cm,深12～20cm,槽边距地面15～35cm。

⑦放牧注意事项

a. 防惊群:青年鹅胆小、敏感,途中遇有意外情况,易受惊吓,如汽车路过时高音喇叭的突然刺激常会引起惊群逃跑,管理人员服装、工具的改变,以及平常放牧时手持竹竿随鹅行动,倘遇雨天时若打起雨伞,均会使鹅群不敢接近,甚至离散逃跑。这些意外的刺激,都要事前预防。

b. 防中暑:暑天放牧,应在早晚多放,中午多休息,将鹅群赶到树荫下纳凉,不可在烈日下暴晒。无论白天或晚上,当鹅群有鸣叫不安的表现时,应及时放水,防止闷热引起中暑。

c. 防中毒和传染病:对于放牧路线,管理人员要早几天进行勘察,凡发生过传染病的疫区、凡用过农药的牧地,绝不可牧鹅。要尽量避开堆积垃圾粪便之处,严防鹅吃到死鱼、死鼠及其他腐败变质食物。

d. 防"跑伤":放牧要逐步锻炼,路线由近渐远,慢慢增加,途中要有走有歇,不可蛮赶。每天放牧距离要大致相等,以免累伤鹅群。高低不平的路尽量不走,通过狭窄的路面时,速度尽量放慢、不使挤压致伤。特别在上下水时,坡度太大,或甬道太窄,或有树桩乱石,由于鹅飞跃冲撞,极易受伤。已经受伤的鹅必须将它圈起来养伤,伤愈前绝对不能再放。此外,还应注意防丢失和防兽害。

(3)做好卫生、防疫工作:中鹅的初期,机体抗病力还较弱,又面临着舍饲为主向放牧为主生活改变,使鹅承受较大的环境应激,容易诱发一些疾病。因此在这一转折时期,最好在饲料中添加一些维生素和多维等抗应激和保健药品。放牧的鹅群,易受到野外病原的感染,放牧前应注射小鹅瘟血清、禽流感疫苗、鸭瘟疫苗、禽霍乱疫苗。在放牧中,如发现邻区或上游放牧的鹅群或分散养鹅户发生传染病时,应立即转移鹅群到安全地点放牧,以防传染疫病。不要受到工农业有害污染物污染的沟渠放水,对喷洒过农药、施过化肥的草地、果园、农田,应经过 10～15 天后再放牧,以防中毒。每天要清洗饲料槽、饮水盆,随时搞好舍内外、场区的清洁卫生。定期更换垫草,并对鹅舍及周边环境进行消毒。

由于中鹅还缺乏自卫能力,鹅棚舍要搞好防鼠、防兽害的设施。

(4)做好转群和出栏工作:通过中鹅阶段认真的放牧和饲养管理工作,充分利用放牧草地和田间遗谷粒穗,在较少的补饲条件下,中鹅可以有比较好的生长发育,一般长至 70～80 日龄时,就可以达到选留后备种鹅的体重要求。此时应及时进行后备种鹅的选留工作,选留的合格后备种鹅可转入后备种鹅群,继续进行培育;不符合种用条件的仔鹅和体质瘦弱的仔鹅,可及时转入育肥群,进行肉用仔鹅育肥。达到出栏标准体重的仔鹅可及时上市出售。

　　此期的中鹅羽毛生长已丰满,主翼羽在背部要交翅,在开始脱羽毛时进行选种工作。种鹅场一般是在大雏选留群群体的基础上结合称重选留公、母种鹅。一般是把品种特征典型、体质结实、生长发育快、羽绒发育好的个体留作种用。公、母鹅的基本要求是:后备种公鹅要求体型大,体质结实,各部结构发育匀称,肥度适中,头大适中,两眼有神,喙正常无畸形,颈粗而稍长(作为生产肥肝的品种,颈应粗而短),胸深而宽,背宽长,腹部平整,脚粗壮有力、长短适中、距离宽,行动灵活,叫声响亮。选留公鹅数要比按配种的公母比例要求多留 20%～30% 作为后备。后备母鹅要求体重大,头大小适中,眼睛灵活,颈细长,体型长而圆,前躯浅窄,后躯宽深,臀部宽广。

(四)肉用仔鹅的饲养管理

　　中鹅饲养到 70 日龄左右,虽然体重因品种不同而有差异,但都有一定的膘度,小型太湖鹅和豁眼鹅体重可达 2kg 左右,皖西白鹅 3kg 左右,埃姆登鹅 3.7kg 左右,基本上都可上市。但从经济角度考虑,体重仍偏小,肥度还不够,肉质含有一定的草腥味。为了进一步提高产鹅肉质量和屠宰体况,应采用投给丰富能量饲料,短时间快速育肥法,肥育的时间以半个月至 1 个月为宜。经过短期育肥后,仔鹅膘肥肉嫩,胸肌丰厚,味道鲜美,屠宰率高,可食部分比例增大。因而,经过肥育后的鹅更受消费者的欢迎,产品畅销,同时增加饲养户的经济收益。由于肥育仔鹅饲养管理的状况,直接彰响上市肉用仔鹅的体重、膘度、屠宰率、饲料报酬以及养鹅的生产效益和经济效益,因此,对于肉用仔鹅来说,早期的育雏和后期的育肥,具有同样的重要作用。

1. 育肥的原理

鹅的育肥多采用限制活动来减少体内养分的消耗,喂给富含碳水化合物的饲料,养于安静且光线暗淡的环境中,使其长肉并促进脂肪沉积。育肥期,鹅所需的是大量的碳水化合物。碳水化合物包括糖类和淀粉,是一种能量物质。这些物质进入体内经消化吸收后,产生大量的能量,供鹅活动需要。过多的能量便大量转化为脂肪,在体内储存起来,使鹅育肥。当然,在大量供应碳水化合物的同时,也要供应适量的蛋白质。蛋白质在体内充裕,可使肌纤维(肌肉细胞)尽量分裂繁殖,使鹅体内各方面的肌肉,特别是胸肌充盈丰满起来,整个鹅变得肥大而结实。因此,对育肥的鹅,必须给予特殊的管理和饲料条件。

2. 育肥前的准备

(1)肥育鹅选择及分群饲养:中龄鹅饲养期过后,首先从鹅群中选留种鹅,送至种鹅场或定为种鹅群定向培育。剩下的鹅为肥育鹅群。选择作肥育的鹅只不分品种、性别,要选精神活泼、羽毛光亮、两眼有神、叫声洪亮、机警敏捷、善于觅食、挣扎有力、肛门清洁、健壮无病的 70 日龄以上的中鹅作肥育鹅。新从市场买回的鹅,还需在清洁水源放养 2~3 天,喂 500mg/kg 的高锰酸钾溶液进行肠胃消毒,确认其健康无病后再予育肥。为了使育肥鹅群生长齐整、同步增膘,须将大群分为若干小群。分群原则,是将体型大小相近,采食能力相似,公母混群,分成强群、中群和弱群三等,在饲养管理中要根据各群实际情况,采取相应的技术措施,缩小群体之间的差异,使全群达到最高生产性能,一次性出栏。

(2)驱虫:鹅体内的寄生虫较多,如蛔虫、绦虫、泄殖吸虫等,应先进行确诊。育肥前要进行一次彻底驱虫,对提高饲料报酬和肥育效果极有好处。驱虫药应选择广谱、高效、低毒的药物。

3. 育肥方法

肥育的鹅群确定后,移至新的鹅舍,这是一种新环境应激,鹅会感到不习惯,有不安表现,采食减少。肥育前应有肥育过渡期,或称预备期,逐渐适应即将开始的肥育饲养,一般为1周左右。采用的肥育方法有放牧加补饲育肥法和圈养限制运动育肥法。

(1)放牧加补饲育肥法:实验证明放牧加补饲是最经济的育肥方法。放牧育肥俗称"骟茬子",根据肥育季节的不同,进行蹓野草子、麦茬地、稻田地,采食收割时遗留在田里的粒穗,边放牧边休息,定时饮水。放牧骟茬育肥是我国民间广泛采用的一种最经济的育肥方法,5月鹅9月肥,即可上市。如果白天吃得很饱,晚上或夜间可不必补饲精料。如果肥育的季节赶到秋前(子粒没成熟)或秋后(骟茬子季节已过),放牧时鹅只能吃青草或秋黄死的野草,那么晚上和夜间必须补饲精料,能吃多少喂多少,吃饱的鹅颈的右侧又出现一假颈(嗉囊膨起),吃饱的鹅有厌食动作,摆脖子下咽,嘴角不停地往下点。补饲必须用全价配合饲料,或压制成颗粒料,可减少饲料浪费。补饲的鹅必须饮足水。尤其是夜间不能停水。

（2）圈养限制运动育肥法：将鹅群用围栏圈起来，每平方米5～6只，要求栏舍干燥，通风良好，光线暗，环境安静，每天进食3～5次，从早5时到晚10时。育肥期20天左右，鹅增重迅速，为30％～40％。这种肥育方法不如放牧育肥广泛，饲养成本较放牧肥育高，但符合大规模养鹅的发展趋势。这种方法生产效率较高，育肥的均匀度比较好，在放牧条件较差的地区或季节，最适于集约化批量饲养。常用方法有两种：填饲育肥法和自由采食育肥法。

①填饲育肥法：采用填鸭式肥育技术，俗称"填鹅"，即在短期强制性地让鹅采食大量的富含碳水化合物的饲料，促进育肥。此法育肥增重速度最快，只要经过10天左右就可达到鹅体脂肪迅速增多，肉嫩味美的效果。如可按玉米、碎米、甘薯面60％，米糠、麸皮30％，豆饼（粕）粉8％，生长素1％，食盐1％配成全价混合饲料，加水拌成糊状，用特制的填饲机填饲。具体操作方法是：由两人完成，一人抓鹅，另一人握鹅头，左手撑开鹅嘴，右手将胶皮管插入鹅食道内，脚踏压食开关，一次性注满食道，一只一只慢慢进行。如没有填饲机，可将混合料制成1～1.5cm粗、长6cm左右的食条，待阴干后，用人工一次性填入食道中，效果也很好，但费人力，适于小批量肥育。其操作方法是填饲人员坐在凳子上，用膝关节和大腿夹住鹅身，背朝人，左手把嘴撑开，右手拿食条，先蘸一下水，用食指将食条填入食道内，每填一次用手顺着食道轻轻地向下推压，协助食条下移，每次填3～4条，以后增加直至填饱为限。开始3天内，不宜填得太饱，每天填3次或4次。以后要填饱，每天填5次，从早6时到晚10时，平均每4小时填1次。填后供足饮水。每天傍晚应放水1

次,时间约半小时,将鹅群赶到水塘内,可促进新陈代谢,有利消化,清洁羽毛,防止生虱和其他皮肤病。

每天清理圈舍 1 次,如使用褥草垫栏,则每天要用干草对换,湿垫料晒干、去污后仍可使用。若用土垫,每天须添加新干土,7 天要彻底清除 1 次,堆积起来发酵,不但可防止环境污染,而且可提高肥效。

②自由采食育肥法:有栅上育肥和地平面加垫料育肥 2 种方式,均用竹竿或木条隔成小区,食槽和水槽设在围栏外,鹅伸出头来自由采食和饮水。我国广东省和华南一带多用围栏栅上育肥,距地面 60～70cm 高处搭起栅架,栅条距 3～4cm,鹅粪可通过栅条间隙漏到地面上,鹅在栅面上可保持干燥,清洁的环境有利于鹅的肥育。育肥结束后一次性清粪。有的鹅场将板条直接架设在水面上,利用鹅粪直接喂鱼,使鹅粪得以综合利用。在东北地区,因没有竹条,多采用地面加垫料,用木条围成囚栏,鹅在囚栏内活动,伸头至囚栏外采食和饮水,每天都要清理垫料或加新垫料,劳动强度相对大,卫生较差,但投资少,肥育效果也很好。采用自由采食育肥,可先喂青料 50%,后喂精料 50%,也可精青料混合饲喂。在饲养过程中要注意鹅粪的变化,当逐渐变黑,粪条变细而结实,说明肠管和肠系膜开始沉积脂肪,应改为先喂精料 80%,后喂青料 20%,逐渐减少青粗饲料的添加量,促进其增膘,缩短肥育时间,提高育肥效益。

4. 肥育标准

经肥育的仔鹅,体躯呈方形,羽毛丰满,整齐光亮,后腹下垂,胸肌丰满,颈粗圆形,粪便发黑,细而结实。根据翼下体躯两侧的皮下脂肪,可把肥育膘情分为 3 个等级:①上等肥度鹅。皮下摸到较大结实、富有弹性的脂肪块,遍体皮下脂肪增厚,尾椎部丰满,胸肌饱满突出胸骨嵴,羽根呈透明状。②中等肥度鹅。皮下摸到板栗大小的稀松小团块。③下等肥度鹅。皮下脂肪增厚,皮肤可以滑动。当育肥鹅达到上等肥度即可上市出售。肥度都达中等以上,体重和肥度整齐均匀,说明肥育成绩优秀。

(五)后备种鹅的饲养管理

后备鹅是指 70～80 日龄以上,经过选种留作种用的公母鹅。鹅种达到性成熟时间较长(小型鹅 180 天左右,大型鹅 260 天左右),鹅体各部位,各器官,仍处于发育完善阶段。在种鹅的后备饲养阶段,要以放牧为主、补饲为辅,并适当限制营养;饲养管理的重点是对种鹅进行限制性饲养,其目的在于控制体重,防止体重过大过肥,使其具有适合产蛋的体况;机体各方面完全发育成熟,适时开产;训练其耐粗饲的能力,育成有较强的体质和良好的生产性能的种鹅;延长种鹅的有效利用期,节省饲料;降低成本,达到提高饲养种鹅经济效益的目的。

1. 后备期种鹅的特点

在后备鹅培育的前期,鹅的生长发育仍比较快,如果补饲日粮的蛋白质较高,会加速鹅的发育,导致体重过大过肥,并促其早熟,而鹅的骨骼尚未得到充分的发育,致使种鹅骨骼发育纤细,体型较小,提早产蛋,往往产几个蛋后又停产换羽。说明鹅体各部分的生理功能不协调,生殖器官虽发育成熟,但不完全。

开产以后由于体内营养物质的消耗,出现停产换羽。而且后备期种鹅羽毛已经丰满,抗寒抗雨能力均较强,对外界环境已有较强的适应、抵抗能力,对青粗饲料有很强的消化能力。因此,种鹅的后备期应逐渐减少补饲日粮的饲喂量和补饲次数,锻炼其以放牧食草为主的粗放饲养,保持较低的补饲日粮的蛋白质水平,有利于骨骼、羽毛和生殖器官的充分发育;由于减少了补饲日粮的饲喂量,既节约饲料,又不致使鹅体过肥、体重太大,保持健壮结实的体格。

2. 后备期种鹅的分段限制饲养

依据后备期种鹅生长发育的特点,将后备期分为生长阶段、公母分饲及控料阶段和恢复饲养阶段。应根据每个阶段的特点,采取相应的饲养管理措施,进行限制饲养,以提高鹅的种用价值。

(1)生长阶段:此阶段约为 70 日龄到 100 日龄,晚熟品种要到 120 日龄。这个阶段的后备种鹅仍处于较快的生长发育时期,而且还要经过幼羽更换成青年羽的第二次换羽时期。该阶段需要较多的营养物质,如太湖鹅每日仍需补饲 150g 左右精料,不宜过早进行粗放饲养,应根据放牧场地草质的好坏,逐渐减少补饲的次数,并逐步降低补饲日粮的营养水平,使青年鹅机体得到充分发育,以便顺利地进入公母分饲及控料饲养阶段。此阶段若采取全舍饲并饲喂全价配合饲料,日粮营养水平为:代谢能 $10.5 \sim 11.0 \text{MJ/kg}$,粗蛋白质 $14\% \sim 15\%$。

(2)公母分饲及控料饲养阶段:此阶段一般从 $100 \sim 120$ 日龄开始至开产前 $50 \sim 60$ 天结束。后备种鹅经二次换羽后,如供给足够的饲料,经 50～60 天便可开始产蛋。但此时由于种鹅的生长发育尚不完全,个体间生长发育不整齐,开产时间参差不齐,导致饲养管理十分不方便。加上早产的蛋较小,达不到种用标准,种蛋的受精率也较低,母鹅产小蛋的时间较长,会严重影响种鹅的饲养效益。

公母鹅的生理特点不同,生长差异较大,混饲会影响鹅群的正常生长发育;还会发生早熟鹅的滥交乱配现象。因此,这一阶段应对种鹅进行公母分饲、控制饲养,使之适时达到开产日龄,比较整齐一致地进入产蛋期。

后备种鹅的控制饲养方法主要有两种:一种是减少补饲日粮的饲喂量,实行定量饲喂;另一种是控制饲料的质量,降低日粮的营养水平。鹅以放牧为主,故大多数采用后者,但一定要根据放牧条件、季节以及鹅的体质,灵活掌握精青饲料配比和喂料量,既能维持鹅的正常体质,又能降低种鹅的饲养费用。

在控料阶段应逐步降低日粮的营养水平,必须限制精料的饲喂量,强化放牧。精料由喂 3 次改为 2 次,当地牧草茂盛时则补喂一次,甚至逐渐停止补饲,使母鹅体重增加缓慢,消化系统得到充分发育,同时换生新羽,生殖系统也逐步完全发育成熟。精料用量可比生长阶段减少 50%～60%。饲料中可添加较多的填充粗料(如米糠、曲酒糟等),目的是锻炼鹅的消化能力,扩大食道容量。后备种鹅经控料阶段前期的饲养锻炼,放牧采食青草的能力强,在草质良好的牧地,可不喂或少喂精料。在放牧条件较差的情况下每日喂料 2 次,喂料时间在中午和晚上 9 时左右。

控制饲养阶段,无论给食次数多少,补料时间应在放牧前

2小时左右,以防止鹅因放牧前饱食而不采食青草;或在放牧后2小时补饲,以免养成收牧后有精料采食,便急于回巢而不大量采食青草的坏习惯。

若因条件限制而采用舍饲方式时,最好给后备种鹅饲喂配合饲料。日粮营养水平为:代谢能10.0～10.5MJ/kg,粗蛋白12%～14%。

(3)恢复饲养阶段:经控制饲养的种鹅,应在开产前60天左右进入恢复饲养阶段。此时种鹅的体质较弱,应逐步提高补饲日粮的营养水平,并增加喂料量和饲喂次数。日粮代谢能为11.0～11.5MJ/kg,蛋白质水平控制在15%～17%为宜。舍饲的鹅群还应注意日粮中营养物质的平衡。这时的补饲,只定时,但不定料、不定量,做到饲料多样化,青饲料充足,增加日粮中钙质含量,经20天左右的饲养,使种鹅的体质得以迅速恢复,种鹅的体重可恢复到控制饲养前期的水平,促进生殖器官完全发育成熟,并为产蛋积累营养物质。

此阶段种鹅开始陆续换羽,为了使种鹅换羽整齐和缩短换羽时间,节约饲料,可在种鹅体重恢复后进行人工强制换羽,即人为地拔除主翼羽和副主翼羽。拔羽后应加强饲养,适当增加喂料量。后备公鹅的精料补饲应提早进行,公鹅人工拔羽可比母鹅早2周左右开始,促进其提早换羽,以便在母鹅开产前已有充沛的体力、旺盛的食欲。开产前人工强制换羽,可使后备种鹅能整齐一致地进入产蛋期。

在后备期一般只利用自然光照,如在下半年,由于日照短,恢复生长阶段要开始人工补充光照时间。通过6周左右的时间,逐渐增加光照总时数,使之在开产时达到每天16～17小时。

后备种鹅饲养后期时,如果养的是种鹅而非一般蛋用鹅,此时应将公鹅放入母鹅群中,使之相互熟识亲近,以提高受精率。放牧鹅群仍要加强放牧,但鹅群即将进入产蛋,体大,行动迟缓,故而放牧时不可急赶久赶;放牧距离应渐渐缩短。

3. 后备种鹅的管理要点

(1)放牧管理:后备种鹅阶段主要以放牧为主,舍饲为辅。放牧管理工作的成败,对后备种鹅培育至关重要,主要注意做好以下工作。

①牧地选择与利用:牧地应选择水草丰盛的草滩、湖畔、河滩、丘陵以及收割后的稻田、麦地等。牧地附近有湖泊、溪河或池塘,供鹅饮水或游泳。人工栽培草地附近同样必须有供饮水和游泳的水源。放牧前,先调查牧地附近是否喷洒过有毒药物,否则,必须经1周以后,或下大雨后才能放牧。为保护草源,保证牧地的载畜量与牧草正常再生,必须推行有计划地轮放。一般要求每天转移草场,实行7天一循环的轮牧制度。

后备种鹅对饥饿极为敏感。后备鹅放牧期间补饲量很少,有时夜间已停止补饲,为防止饥饿,除延长放牧时间外,可将最好的牧草地和苕子田留在傍晚时采食。

②放牧方法:后备种鹅羽毛已丰满,有较强的耐雨抗寒能力,可实行全天放牧。一般每天放牧9小时。采取"两头黑",要早出晚归。清晨5时出牧,10点回棚休息,下午3点出牧,晚至7点归牧休息,力争吃到4～5个饱(上午2个饱,下午3个饱)。应在下午就找好次日的牧地,每日最好不走回头路,使鹅群吃饱吃好。

③注意防暑:在炎夏天气,鹅群在棚内烦躁不安,应及时放水,必要时可使鹅群在河畔过夜,日间要提供清凉饮水,以防过热或中暑。

放牧时宜早出晚归,避开中午酷暑。早上天微亮就应出牧,上午 10 时左右将鹅群赶回圈舍,或赶到阴凉的树林下让鹅休息,到下午 3 时左右再继续放牧,待日落后收牧。休息的场地最好有水源,以便于饮水、戏水、洗浴。

④鹅群管理:一般以 250～300 只后备鹅为一群,由 2 人管理。如牧地开阔,草源丰盛,水源良好而充足,可组成 1 000 只一群,由 4 人协同管理。放牧前与收牧时都应及时清点,如有丢失应及时追寻。如遇混群,可按编群标记追回。

后备种鹅是从中鹅群中挑选出来的优良个体,有的甚至是从上市的肉用仔鹅当中选留下来的,往往不是来自同一鹅群,把它们合并成后备种鹅的新群后,由于彼此不熟悉,常常不合群,甚至有"欺生"现象,必须先通过调教让他们合群。这是后备种鹅生产初期,管理上的一个重点。

在牧地小,草料丰盛处,鹅群应赶得拢些,使鹅充分采食。如牧地较大,草又欠丰盛处,可驱散鹅群,使之充分自由采食。后备鹅胆小,要防其他畜禽接近鹅群。阴雨天放牧时饲养员宜穿雨衣或雨披,因为雨伞易使鹅群骚动,驱赶时动作要缓和并发出平时的调教声音,过马路时要防止汽车喇叭声的惊扰而引起惊群。

随时观察鹅群的精神状态、采食情况等,发现弱鹅、伤残鹅等要及时剔除,进行单独的饲喂和护理。病鹅往往表现出行动呆滞,两翅下垂,食草没劲,两脚无力,体重轻,放牧时落在鹅群后面,严重者卧地不起。对于个别弱鹅应停止放牧,进行特别管理,可喂以质量较好且容易消化的饲料,到完全恢复后再放牧。

⑤注意放水:每吃"1 个饱"后,鹅群便会停止采食,此时应行放水。水塘应经常更换水,防止过度污染。每次放水约半小时,再上岸理毛休息 30～60 分钟,再继续放牧。天热时应每隔半小时放水一次,否则影响采食和健康。严格注意水源的水质。

(2)补料:育成鹅的主要饲养方式是放牧,既节省饲料,又可防止过肥和早熟,但在牧草地草质差,数量少时,或气候恶劣不宜放牧时,为确保鹅群健康,必须及时补料,一般多于夜间进行。传统饲喂法多补饲瘪谷,有的补充米糠或草粉颗粒饲料,现在多数是根据体重情况补饲配合饲料或颗粒饲料,种鹅后备期喂料量的确定是以种鹅的体重为基础,体重的标准参见表 3-8 种鹅育成期体重控制指标表。

表 3-8　种鹅育成期体重控制指标表

周龄	小型鹅种		中型鹅种		大型鹅种	
	母	公	母	公	母	公
8	2.5	3	/	/	/	/
9	2.5	3	/	/	/	/
10	2.6	3.1	3.5	4	/	/
11	2.6	3.1	3.6	4.1	/	/
12	2.7	3.2	3.7	4.2	4.5	5
13	2.7	3.2	3.8	4.3	4.6	5.1
14	2.8	3.3	3.8	4.4	4.7	5.2
15	2.8	3.3	3.9	4.5	4.8	5.3

周龄	小型鹅种		中型鹅种		大型鹅种	
	母	公	母	公	母	公
16	2.9	3.4	4	4.6	4.9	5.4
17	3	3.5	4.1	4.7	5	5.5
18	3.1	3.6	4.2	4.8	5.1	5.6
19	3.2	3.7	4.2	4.9	5.2	5.7
20	3.3	3.8	4.3	5	5.3	5.8
21	3.4	3.9	4.4	5.1	5.4	6
22	3.5	4	4.5	5.2	5.5	6.1
23	/	/	4.5	5.2	5.5	6.2
24	/	/	4.6	5.4	5.7	6.3
25	/	/	4.7	5.5	5.8	6.4
26	/	/	4.8	5.6	5.9	6.6
27	/	/	4.9	5.8	6	6.7
28	/	/	5	6	6.1	6.8
29	/	/	/	/	6.2	7
30	/	/	/	/	6.3	7.2
31	/	/	/	/	6.4	7.4
32	/	/	/	/	6.6	7.6
33	/	/	/	/	6.8	7.8

周龄	小型鹅种		中型鹅种		大型鹅种	
	母	公	母	公	母	公
34	/	/	/	/	7	8
35	/	/	/	/	/	/
36	/	/	/	/	/	/

注：引自包世增《快速养鹅技术》，1995

　　鉴于品种不同，其后备期营养需要也不同，较难掌握限饲或补料的合理程度，补料过多或过少，或与青料比例不合适，常导致消化不良，其粪便颜色、粗细、松紧度也起变化。如鹅粪粗大而松散，用脚可轻拨为几段，则表明精料与青料比例适当。若鹅粪细小、结实、断截成粒状，说明精料过多、青料太少。若粪便色浅且较难成型，排出即散开，说明补饲的精料太少，营养不足，应适当增加精料用量。

　　（3）清洁与防疫卫生：注意鹅舍的清洁卫生和饲料新鲜度，及时更换垫料，保持垫草和舍内干燥。喂食及饮水用具及时清洗消毒。在恢复生长阶段应及时接种有关疫苗，主要有小鹅瘟、鸭瘟、禽流感、禽出败、大肠杆菌疫苗；并注意在整个后备阶段搞好传染病和肠胃病的防治，定期进行防虫驱虫工作。

　　（4）成年种鹅的选择：成年种鹅的选择是提高种鹅质量的一个重要生产环节，在后备期结束，转入种鹅生产阶时应对后备种鹅进行复选和定群，选留组成合格的成年种鹅。把体重外貌符合品种特征或选育标准要求、体质健壮、体型结构良好、生长发育充分的后备鹅留作种用，淘汰那些体型不正常，体质弱，健康状况差,羽毛混杂(白鹅决不能有异色杂毛),肉瘤、喙、跖、蹼颜色不符合品种要求(或选育指标)的个体,以提高饲养种鹅的经济效益。特别是对公鹅的选留,要进一步检查性器官的发育情况。严格淘汰阴茎发育不良、阳痿和有病的公鹅,选留阴茎发育良好、性欲旺盛、精液品质优良的公鹅作种用。

(5)鉴别临产母鹅:可从鹅的体态、食欲、配种表现和羽毛变化情况进行识别,临产母鹅全身羽毛紧贴,光泽鲜明,尤其颈羽显得光滑紧凑,尾羽与背羽平伸,腹下及肛门附近羽毛平整。临产母鹅体态丰满、行动迟缓、两眼微凸,头部额瘤发黄,尾部平伸舒展,后腹下垂,腹部饱满松软而有弹性,耻骨间距已开张有3～4指宽,鸣声急促、低沉。肛门平整呈菊花状,临产前7天,其肛门附近异常污秽。临产母鹅表现食欲旺盛,喜采食青饲料和贝壳类矿物质饲料。从配种方面观察,临产母鹅主动寻求接近公鹅,下水时频频上下点头,要求交配,母鹅间有时也会相互爬踏,并有衔草做窝现象,说明临近产蛋期。

(六)种鹅的饲养管理

种鹅饲养管理的目的,在于不断提高种鹅的繁殖性能,繁殖高产、健壮的后代,为养鹅业提供生产性能高、体质健壮的雏鹅。所谓种鹅,是指母鹅开始产蛋、公鹅开始配种,用以繁殖后代的鹅。为了提高产蛋量和受精率,在后备种鹅转为种鹅时,要再进行一次严格的挑选,剔除和淘汰少数发育不良、体质瘦弱和配种能力不强的个体,并按照一定的公、母比例,留足种公鹅。挑选种公鹅时,除根据其祖先情况、本身的外貌体型、生长发育情况外,最主要的是检查其阴茎发育是否正常,性欲是否旺盛,精液品质是否优良。最好用人工采精的方法来鉴别后备公鹅,凡是优良的才转入种公鹅群。种母鹅的选择,重点要放在与产蛋性能有关的特征和特性上。

种鹅的特点是,生长发育已经大体完成,对各种饲料的消化能力已很强,第二次换羽也已完成,生殖器官发育成熟并进行繁殖。这一阶段,能量和养分的消耗主要花在繁殖上,因此饲养管理必须与产蛋或配种相适应。

按产蛋情况一般将种鹅的饲养管理分为 3 期,即产蛋准备期、产蛋期和休产期。实际上,后备种鹅的后期,就是种鹅的产蛋准备期,其饲养管理已在上面做了介绍,这里仅介绍产蛋期和休产期母鹅的饲养管理、公鹅的饲养管理。

1. 产蛋期母鹅的饲养管理

(1)开产母鹅的识别:母鹅经过产蛋前期的饲养,换羽完毕,体重逐渐恢复,陆续转入产蛋期,临产前母鹅表现为羽毛紧凑、有光泽,尾羽平直,肛门呈菊花状,腹部饱满,松软而有弹性,耻骨间距离增宽,采食量增大,喜食矿物质饲料,母鹅有经常点头寻求配种的姿态,母鹅之间互相爬踏。开产母鹅有衔草做窝现象,说明即将开始产蛋。

(2)产蛋期母鹅的饲养方式:产蛋期种鹅的饲养方式有放牧加补饲,或半舍饲。前者虽较粗放,但饲养成本较低,种鹅专业户大多采用此法,且可因地制宜,充分利用自然条件;半舍饲多为孵坊自设种鹅场,由于缺少放牧条件,多在依靠湖泊、河流处搭建鹅棚、陆上运动场和水上运动场,进行人工全程控制饲养工艺,集约化程度较高,饲养效率和生产水平亦高,大多采用较科学规范的饲养技术。南方饲养的鹅种,一般每只母鹅产蛋 30～40 枚,高产者达 50～80 枚;而北方饲养的鹅种,一般每只母鹅产蛋 70～80 枚,高产者达 100 枚以上。为发挥母鹅的产蛋潜力,必须实行科学饲养,满足产蛋母鹅的营养需要,提高母鹅的产蛋率。

(3)产蛋母鹅的营养需要及配合饲料:种鹅由于连续产蛋和繁殖后代,需要消耗较多的营养物质,尤其是能量、蛋白质、钙、磷等。如果营养供给不足或养分不平衡,就会造成蛋重减少、产蛋量下降、种鹅体况消瘦,最终停产换羽,因此要充分考虑母鹅产蛋所需的营养。营养是决定母鹅产蛋率高低的重要因素。在产蛋鹅的日粮上,由于我国养鹅以粗放饲养为主,南方多以放牧为主,舍饲日粮仅仅是一种补充,所以我国鹅的饲养标准至今尚未制定。目前各地对产蛋鹅的日粮配合及喂量,主要是根据当地的饲料资源和鹅在各生长、生产阶段营养要求因地制宜自行拟定的,这也是养鹅业起步晚、发展慢的一个重要原因。

在以舍饲为主的条件下,建议产蛋母鹅日粮营养水平为:代谢能 10.88～12.13MJ/kg,粗蛋白 14％～16％,粗纤维 5％～8％(不高于 10％),赖氨酸 0.8％,蛋氨酸 0.35％,胱氨酸 0.27％,钙 2.25％,磷 0.65％,食盐 0.5％。以下配方可供配制产蛋期母鹅日粮时参考应用。

配方一:玉米 52％,优质青干草粉 19％,豆饼 10％,花生饼5％,棉仁饼 3％,芝麻粕 5％,骨粉 1.5％,贝壳粉 4.0％,食盐0.5％。其营养成分为:代谢能 10.88MJ/kg,粗蛋白 15.96％,钙 2.21％,磷 0.59％,赖氨酸 0.69％,蛋氨酸＋胱氨酸 0.56％。

配方二:玉米 33%,麸皮 25%,豆饼 11%,稻糠 24%,鱼粉 3%,骨粉 1%,贝壳粉 2%,食盐 0.3%,微量元素和维生素 0.7%。其营养成分为:代谢能 11.38MJ/kg,粗蛋白 16%,钙 2%,有效磷 1%。

产蛋母鹅要喂饲适量的青绿多汁饲料。国内外的养鹅生产实践和试验都证明,母鹅饲喂青绿多汁饲料对提高母鹅的繁殖性能有良好影响。另外,产蛋母鹅日粮中搭配适量的优质干草粉,也可以提高母鹅的繁殖性能。产蛋鹅舍应单独设置一个矿物质饲料盘,任其自由采食,以补充钙质的需要。

种鹅产蛋和代谢需要大量的水分,所以对产蛋鹅应给足饮水,经常保持舍内有清洁的饮水。产蛋鹅夜间饮水与白天一样多,所以夜间也要给足饮水,满足鹅体对水分的需求。我国北方早春气候寒冷,饮水容易结冰,产蛋母鹅饮用冰水对产蛋有影响,应给予 12℃的温水,并在夜间换一次温水,防止饮水结冰。

(4)饲养方法:舍饲的产蛋母鹅饲喂方法,在我国农村的大多数家庭养鹅和专业养鹅户,通常采用定时不定量,自由采食的喂饲法。要求饲料多样化,谷实类与粗糠的比例为 2:1,每天晚上要多加些精料。大型鹅每只每天喂精料(谷实类)0.2~0.25kg,小型鹅为 0.15~0.2kg。饲喂时,先喂青料,后喂精料,然后休息。第一次在早晨 5~7 时开始喂混合料,然后喂青饲料;第二次在中午 10~11 时;第三次在下午 5~6 时。在产蛋高峰时,保证鹅吃好吃饱,供给充足、清洁的饮水。在产蛋后期,更要精心饲养,保证产蛋的营养需要,稍有疏忽,易造成产蛋停止而开始换羽。因此,可增加喂饲次数,加喂 1 次或 2 次夜食,或任产蛋母鹅自由采食。

　　产蛋母鹅要喂饲适量的青绿多汁饲料。国内外的养鹅生产实践和试验都证明,母鹅饲喂青绿多汁饲料对提高母鹅的繁殖性能有良好影响。另外,产蛋母鹅日粮中搭配适量的优质干草粉,也可以提高母鹅的繁殖性能。

　　(5)产蛋鹅的放牧:鹅在产蛋期应有一定的放牧时间。在放牧中鹅能得到充分的阳光、水浴和交配,并觅食青绿饲料。对产蛋鹅的牧地,应着重考虑水源,选择清洁池塘或流动水面,水深1m左右,便于鹅交配和洗澡。牧地应在水源附近,地势平坦,富有牧草,以便鹅只活动和采食。适当放牧和放水有利于提高产蛋量和受精率。放牧人员必须熟悉当地的草地、水源和农作物安排,以及农药、化肥施用情况。以放牧为主时,夏秋可放麦茬田、稻茬田,充分利用落谷和草籽;冬放湖泊河滩,觅食野生饲料;春季觅食各种青草(或人工栽培牧草)和水草。牧地周围应有清洁的池塘或流动水面,水深1m左右,便于鹅饮水、交配和洗浴。开产后的母鹅行动迟缓,在出入鹅棚和下水时,应发出规定的呼号或用竹竿稍加阻拦,使其有序出入或下水。因此,棚舍大门应为2m宽,并应同时开启。放牧时应选择路近而平坦的草地,路上应缓慢驱赶,上下坡时不可让鹅拥挤,以防受伤。

　　种鹅放牧应防止产窝外蛋,减少种蛋损失。母鹅产蛋时间大多集中在下半夜至上午8时左右,个别母鹅甚至延长至下午产蛋。放牧应在产蛋基本结束后进行,在上午7~8点左右出牧,这时大部分鹅已产完蛋。放牧前要检查鹅群,如发现个别母鹅鸣叫不安,腹部饱满,尾羽平伸,泄殖腔膨大,行动迟缓,有觅窝的表现,可用手指伸入母鹅泄殖腔内,触摸腹中是否有蛋,如有蛋应将母鹅放入产蛋窝内,不要随大群放牧。放牧时如果发现母鹅出现神态不安,有急欲跑回鹅舍、寻窝产蛋的表现,或向草丛等隐蔽处走去时,应及时将鹅捉住检查,如果腹中有蛋,则将该鹅送到产蛋箱产蛋,待产完蛋就近放牧。上午放牧场地应尽量靠近产蛋棚,以便少数迟产的母鹅回棚产蛋,上午应在11点左右回牧,下午4点左右出牧,晚8点左右回牧,力争每天让鹅能吃4~5个饱。放牧时要防阳光暴晒、中暑,如遇大风雪和暴风雨时要及时赶进舍内。

放牧与放水要有机结合。因为鹅有一个习惯,每吃一个饱后,鹅群会自动停止采食,就需放水,使鹅游泳和休息。另外公母鹅交配习惯在水上进行,一般早上7~9点是鹅配种的最好时机,这时鹅只刚一出牧,就先进入水中游泳交配,交配后才上岸采食。采食一段时间,又进入水中,有的还要进行交配。在这段时间内,一只较好的公鹅能交配6~9次。下午5~6点,也是公母鹅交配时间,这时一只公鹅能交配2~4次。

放牧必须结合补料,以满足产蛋鹅群的营养需要。每日补饲产蛋配合饲料总量为小型鹅150~200g,大型鹅200~250g。具体应根据放牧时天然饲料的采食量、产蛋率、蛋重、蛋形和粪便等情况,酌情补饲,以确保鹅群健康、膘情与产蛋量。

(6)产蛋鹅的管理:为鹅群创造一个良好的生活环境,精心管理,是保证鹅群高产、稳产的基本条件。

①产蛋鹅的适宜温度:鹅的生理特点是:羽绒丰满,绒羽含量较多;皮下有脂肪而无皮脂腺,只有发达的尾脂腺,散热困难,所以耐寒而不耐热,对高温反应敏感。夏季天气温度高,鹅停产,公鹅精子无活力;春节过后气温比较寒冷,但鹅只陆续开产,公鹅精子活力较强,受精率也较高。母鹅产蛋的适宜温度是8~

25℃,公鹅产壮精的适宜温度是 10～25℃。在管理产蛋鹅的过程中,应注意环境温度。

②产蛋鹅的适宜光照时间:光通过视觉刺激脑垂体前叶分泌促性腺激素,促使母鹅卵巢卵泡发育增大,卵巢分泌雌性激素促使输卵管的发育;同时使耻骨开张,泄殖腔扩大;光照引起公鹅促性腺激素的分泌,刺激睾丸精细管发育,促使公鹅达到性成熟。因此,光照时间的长短及强弱,以不同的生理途径影响家禽的生长和繁殖,对种鹅的繁殖力有较大的影响。在适宜的环境温度条件下,给鹅增加光照可提高产蛋量。采用自然光照加人工光照,每日应不少于 15 小时,通常是 16～17 小时,一直维持到产蛋结束。补充光照应在开产前 1 个月开始较好,由少到多,直至达到适宜光照时间。增加人工光照的时间分别在早上和晚上。不同品种在不同季节所需光照不同,如我国南方的四季鹅,每个季度都产蛋,所以在每季所需光照也不一样。应当根据季节、地区、品种、自然光照和产蛋周龄,制定光照计划,按计划执行,不得随意调整。具体时间见表 3-9。

表 3-9　太湖鹅产蛋期光照时间

周龄	早晨		晚间	
	开灯时间	关灯时间	开灯时间	关灯时间
25			天黑	7:30
26			天黑	8:30
27			天黑	9:30
28	7:30	天大亮	天黑	10:30
29	6:30	天大亮	天黑	10:30
30	6:30	天大亮	天黑	11:30

舍饲的产蛋鹅在日光不足时可补充电灯光源,光源强度2～3瓦/m² 较为适宜,每20m² 面积安1只40～60瓦灯泡较好,灯与地面距离1.75m左右为宜。

③鹅舍的通风换气:鹅舍封闭较严,鹅群长期生活在舍内,会使舍内空气污染,氧气减少,既影响鹅体健康,又使产蛋下降。为保持鹅舍内空气新鲜,除饲养密度(舍饲1.3～1.6只/m²,放牧条件下2只/m²)外,要保证鹅舍通风换气,及时清除粪便、垫草。要经常打开门窗换气。冬季为了保温取暖,舍内要有换气孔,经常打开换气孔换气,始终保持舍内空气的新鲜。

④供给产蛋母鹅充足的饮水:鹅蛋含有大量水分,鹅体新陈代谢也需水分,所以对产蛋鹅应给足饮水,经常保持舍内有清洁的饮水。产蛋鹅夜间饮水与白天一样多,所以夜间也要给足饮水,满足鹅体对水分的需求。我国北方早春气候寒冷,饮水容易结冰,产蛋母鹅饮用冰水对产蛋有影响,应给予12℃的温水,并在夜间换一次温水,防止饮水结冰。

⑤训练母鹅在窝内产蛋并及时收集种蛋:地面饲养的母鹅,大约有60%的鹅习惯于在窝外地面产蛋,少数母鹅产蛋后有用草埋蛋的习惯,蛋往往被踩坏,造成损失。因此,当母鹅临产前半个月左右,应在舍内墙周围安放产蛋箱。产蛋箱的规格是:宽40cm、长60cm、高50cm、门槛高8cm,箱底铺垫柔软的垫草。每2～3只母鹅设一产蛋箱。母鹅一般是定窝产蛋,第一次在哪个窝里产蛋,以后就一直在那个窝产蛋。母鹅在产蛋前,一般不爱活动,东张西望,不断鸣叫,这是将要产蛋的行为。发现这样的母鹅,要捉入产蛋箱内产蛋,以后鹅便会自动找窝产蛋。

母鹅产蛋大多在后半夜至次日早8时左右。有的品种在

9～17时仍有20％～30％的母鹅在产蛋。因此，从凌晨2时以后，可隔1小时用蓝色灯光（因鹅的眼睛看不清蓝光）照明收集种蛋1次。这样既可防止种蛋被弄脏，而且在冬季还可防止种蛋受冻而降低孵化率。

⑥经常注意舍内外卫生，防止病害：舍内垫草须勤换，使饮水器和垫草隔开，以保持垫草有良好的卫生状况。垫草一定要洁净，不霉不烂，以防发生曲霉病。污染的垫草和粪便要经常清除。舍内要定期消毒，特别是春、秋两季结合预防注射，将饲槽、饮水器和积粪场围栏、墙壁等鹅经常接触的场内环境进行一次大消毒，以防疾病的发生。

产蛋期母鹅的疾病主要有鹅副伤寒、小鹅瘟、软脚病等。

鹅副伤寒：是由鼠沙门菌及肠炎沙门菌所引起的急慢性传染病。主要发生于幼鹅，也有成年鹅得此病，属地方性传染病。7～10日龄雏鹅最易感染，表现为不吃食、怕冷蜷缩、互相打挤、体质消瘦、羽毛蓬乱、两翼下垂、拉稀水粪便。防治方法是孵化室和用具每立方米空间用甲醛1.5ml，盛在干燥的瓷器里，再加高锰酸钾1g，关闭门窗消毒20分钟；种蛋也同样用此法消毒；痢特灵以0.02％的剂量拌入粉料或饮水里喂1周，以后减半再喂1周。

小鹅瘟：用小鹅瘟免疫血清每只注射0.8～1ml治疗，有一定的疗效。最好的方法是在产蛋前4周用小鹅瘟疫苗注射产蛋母鹅，这样所产蛋孵出的雏鹅能抵抗小鹅瘟。注射方法是在每只母鹅的胸部肌肉处注射小鹅瘟疫苗，每年注射2次，以停产期预防为佳。由于此病易在孵化室传播发展，因此必须做好孵化室、种蛋消毒工作，用甲醛熏蒸消毒。病鹅要隔离饲喂，缩小传播范围,对场地、饲槽可用 2‰～3‰烧碱或来苏儿液消毒。

软脚病:该病是因饲料营养不全面、维生素欠缺、钙磷比例失调、光照不足和饲养场地不干燥等原因所造成的,不论大小鹅都会得此病。患病鹅两脚趾柔软无力,脚趾发凉,关节肿大,肌肉松弛,站立不稳,最终瘫痪。防治方法是改进饲养管理,保持场地干燥、卫生,增加放牧时间,延长日光照射,饲料中加鱼肝油或适量磷酸钙、骨粉和贝壳粉等。

⑦减少应激:应激理论近年来已被普遍使用于养禽业。生活环境中存在着无数种致应激因素,如恐惧、惊吓、斗殴、临危、兴奋、拥挤、驱赶、气候变化、设备变换、停电、照明和饲料改变、大声吆喝、粗暴操作、随意捕捉等。所有这些应激都会影响鹅的生长发育和产蛋量。有经验的养鹅生产者很忌养鹅环境的突然变化。饲料中添加维生素 C 和维生素 E 有缓应激的作用。

⑧就巢鹅的管理:我国的许多鹅种在产蛋期都表现出不同程度的就巢性(抱性),对种鹅产蛋造成严重影响。一旦发现母鹅有恋巢表现时,应及时隔离,转移环境,将其关到光线充足、通风好的地方;最好将母鹅围困到浅水中,使之不能伏卧,能较快"醒抱"。对隔离出来的就巢鹅,只供水不喂料,2～3 天后喂一些干草粉、糠麸等粗料和少量精料,使之体重不产生严重下降,"醒抱"后能迅速恢复产蛋。给每只就巢鹅肌内注射 1 针 25mg 的丙酸睾丸酮,一般 1～2 天就会停止抱窝,经过短时间恢复就能再产蛋,但对后期的产蛋有一些负面的影响。

⑨科学组织生产鹅的比例:鹅群的合理年龄结构,对保持每年有均衡而比较高的产蛋量具有重要的生产和经济意义。鹅的利用年限比较长,其产蛋高峰在第二、三年,第四年开始下降。

如据前苏联对8个品种的测定,以第一个产蛋年度为100％计,第二个产蛋年度为108％～155％,第三个产蛋年度为127％～168％,其中大灰鹅第四、五个产蛋年度迅速下降到77％(表3-10)。

许多国家种鹅的利用年限一般为3年或3.5年。最理想的鹅群的组成是从后备种鹅开始,就实行公、母混群饲养,这样可避免性成熟后重新组群,引起公鹅互斗致伤,或母鹅被遗弃。如果公、母鹅分群饲养,应在产蛋前2个月组群,使公、母鹅有较多时间相互熟悉和选择,以保证种蛋有较高的受精率和孵化率。

表3-10　不同品种母鹅各年度产蛋量与第一年相比较(％)

品种	产蛋年度				
	1	2	3	4	5
赫尔蒙高尔鹅	100	124	168		
土鲁斯鹅	100	143	124		
罗明鹅	100	125	102		
爱姆金斯鹅	100	121	161		
普斯科斯秃鹅	100	108	140		
大灰鹅	100	120	127	77	77
阿尔赞玛斯鹅	100	155			
咸施金涅斯鹅	100	134			

2. 停产期母鹅的饲养管理

鹅的产蛋期(包括就巢期)在一年之中不足2/3,7～8个月,还有4～5个月都是休产期。母鹅每年的产蛋期,除品种差异外,还受到各地区地理气候的影响。我国南方地区多在冬、春两季,北方则在 2～6 月份。当母鹅产蛋逐渐减少,每天产蛋时间推迟,小蛋、畸形蛋增多,大部分母鹅的羽毛干枯,公鹅配种能力差,种蛋受精率低,种鹅便进入持续时间较长的休产期。在此期间几乎全群停产,鹅只消耗饲料,没有经济收入,管理上应以放牧为主,停喂精料,任其自由采食野草。为了在下一个产蛋季能提前产蛋和开产时间能较一致,在休产期对选留种鹅应进行人工强制换羽。

(1)休产期种鹅的饲养管理:进入休产期的种鹅应以放牧为主,日粮由精改粗,促其消耗体内脂肪,促使羽毛干枯和脱落。饲喂次数逐渐减少到每天一次或隔天一次,然后改为 3～4 天喂一次,但不能断水。经过 12～13 天,鹅体重大幅度下降,当主翼羽和主尾羽出现干枯现象时,可恢复正常喂料。待体重逐渐回升,放养一个月后,即可进行人工强制换羽。公鹅应比母鹅早20～30 天强制换羽,务使在配种前羽毛全部脱换好,可保证种公鹅配种能力。人工强制换羽可使母鹅比自然换羽提前20～30天开产。

拔羽后应加强放牧,同时酌情补料。如公鹅羽毛生长缓慢,而母鹅已开产,公鹅未能配种,就应对公鹅增喂精料;如母鹅到时仍未开产,同样应增喂精料。在主、副翼羽换齐后,即进入产蛋前的饲养管理。

(2)休产期种鹅的选留:要使鹅群保持旺盛的生产能力,应在种鹅休产期进行种鹅的选择和淘汰工作,淘汰老弱病残者,同时每年按比例补充新的后备种鹅,新组配的鹅群必须按公母比例同时更换公鹅。一般停产母鹅耻骨间距变窄,腹部不再柔软。

若用左手抓住母鹅两翼基部,手臂夹住头颈部,再用右手掌在其腹部顺着羽毛生长方向,用力向前摩擦数次,如有毛片脱落者,即为停产母鹅。产蛋结束后,可根据母鹅的开产期、产蛋性能、蛋重、受精率和就巢情况选留。有个体记录的还可以根据后代生产性能和成活率、生长速度、毛色分离等情况进行鉴定选留。种鹅的利用年限一般为3年或3年半。

(3)人工强制换羽:产蛋鹅经过春季旺产之后,在夏季常出现停产换羽。鹅群自然停产换羽的起止时间不一,如不采取措施,不仅全年产蛋量减少,也影响孵化育雏。人工强制换羽可缩短自然休产期,加速换羽过程,使鹅群换羽整齐,提前恢复开产,提高年产蛋量,并可增加耐粗饲、耐寒的能力。在自然条件下,母鹅从开始脱羽到新羽长齐需较长的时间,换羽有早有迟,其后的产蛋也有先有后。为了缩短换羽的时间,换羽后产蛋比较整齐,可采用人工强制换羽。

人工强制换羽是通过改变种鹅的饲养管理条件,促使其换羽。换羽之前,首先清理淘汰产蛋性能低、体型较小、有伤残的母鹅以及多余的公鹅,停止人工光照,停料2～3天,但要保证充足的饮水;第4天开始喂给由青料加糠麸、糟渣等组成的青粗饲料,第12～13天试拔主翼羽和副主翼羽,如果试拔不费劲,羽根干枯,可逐根拔除。否则应隔3～5天后再拔一次,最后拔掉主尾羽。拔羽以后,立即喂给青饲料,并慢慢增喂精料,加强饲养管理,促使其恢复体质,提早产蛋。具体方法是:当年产蛋率明显下降时,将公、母鹅分群饲养或放牧,逐日将精料减少为1次或隔天1次,只给饮水,使鹅群缺乏营养,身体消瘦,体重下降,经过10余天,主翼羽与主尾羽出现干枯现象,羽毛则可自行脱换。

　　拔羽多在温暖晴天的黄昏进行,切忌在寒冷的雨天操作。对拔羽后的鹅要加强饲养管理,拔羽后,当天鹅群应圈养在运动场内喂料、喂水,不能让鹅群下水,防止细菌污染,引起毛孔发炎。5～7天后可以恢复放牧。拔羽以后,立即喂给青饲料,并慢慢增喂精料,促使其恢复体质,提早产蛋。拔羽后除加强放牧外,必须根据公、母鹅羽毛生长情况酌情补料,如果公鹅羽毛生长较慢,母鹅已产蛋,而公鹅尚未能配种,就会影响种蛋的受精率,这时应给公鹅增加精饲料的喂量。反之,若母鹅的羽毛生长慢,就要给母鹅适当增加精饲料的喂量,促使羽毛生长快些。否则,在母鹅尚未产蛋时,公鹅就开始配种;到产蛋后期,公鹅已筋疲力尽,影响配种,降低种蛋的受精率。拔羽后一段时间内因其适应性较差,应防止雨淋和烈日暴晒。

　　在整个强制换羽期内,公、母鹅要分群饲养管理,以免公鹅骚扰母鹅和削弱公鹅的精力。公鹅比母鹅要早1个月拔羽,并应提早喂料,以适应新的繁殖季节。在换羽期内,应该加强饲养管理,注意观察,避免死亡。拔羽的母鹅可以比自然换羽的母鹅提早20～30天产蛋,而且恢复产蛋的时间较一致。

3. 种公鹅的饲养管理

　　种公鹅的营养水平和身体健康状况,公鹅的争斗、换羽,部分公鹅中存在的选择性配种习性,都会影响种蛋的受精率。因此,加强种公鹅的饲养管理对提高种鹅的繁殖力有至关重要的作用。

　　(1)种公鹅的营养与饲喂:在种鹅群的饲养过程中,始终应注意种公鹅的日粮营养水平和公鹅的体重与健康情况。在鹅群的繁殖期,公鹅由于多次与母鹅交配,排出大量精液,体力消耗很大,体重有时明显下降,从而影响种蛋的受精率和孵化率。为了保持种公鹅有良好的配种体况,种公鹅的饲养,除了和母鹅群一起采食外,从组群开始后,对种公鹅应进行补饲配合饲料。配合饲料中应含有动物性蛋白饲料,有利于提高公鹅的精液品质。补喂的方法,一般是在一个固定时间,将母鹅赶到运动场,把公鹅留在舍内,补喂饲料任其自由采食。这样,经过一定时间(1天左右),公鹅就习惯于自行留在舍内,等候补喂饲料。开始补喂饲料时,为便于分别公母鹅,对公鹅可作标记,以便管理和分群。公鹅的补饲可持续到母鹅配种结束。

在人工授精的鹅场,在种用期开始前 1.5 个月左右,对公鹅就要按种用期标准饲养。种公鹅的日粮标准,每千克饲料中应含有粗蛋白 140g、代谢能 11.72MJ、粗纤维 100g、钙 16g、磷 8g、食盐 4g、蛋氨酸 3.5g、胱氨酸,2g、赖氨酸 6.3g、色氨酸 1.6g。每吨饲料中添加维生素 A 1 000 万国际单位、维生素 D_3 50 万国际单位、维生素 E 5g、维生素 B_2 3g、烟酸(维生素 B_5)20g、泛酸(维生素 B_3)10g、维生素 B_{12} 25mg。每吨饲料添加的微量元素的克数为:锰 50、锌 50、铜 2.5、铁 25、钴 0.25、碘 1。每只公鹅平均每天补喂配合饲料 300～330g。

为提高种蛋受精率,在母鹅产蛋周期内,公、母鹅每只每天可喂谷物发芽饲料 100g,胡萝卜、甜菜 250～300g,优质青干草粉 35～50g,在春夏季节应供给足够的青绿饲料。

(2)定期检查种公鹅生殖器官和精液质量:在公鹅中存在一些有性机能缺陷的个体,在某些品种的公鹅较常见,主要表现为生殖器萎缩,阴茎短小,甚至出现阳痿,交配困难,精液品质差。这些有性机能缺陷的公鹅,有些在外观上并不能分辨,甚至还表现得很凶悍,解决的办法只能是在产蛋前,公母鹅组群时,对选留种鹅进行精液品质鉴定,并检查公鹅的阴茎,淘汰有缺陷的公鹅。在配种过程中部分个体也会出现生殖器官的伤残和感染;公鹅换羽时,也会出现阴茎缩小,配种困难的情形。因此,还需要定期对种公鹅的生殖器官和精液质量进行检查,保证留种公鹅的品质,提高种蛋的受精率。

(3)克服种公鹅择偶性的措施:有些公鹅还保留有较强的择偶性,这样将减少与其他母鹅配种的机会,从而影响种蛋的受精率。在这种情况下,公母鹅要提早进行组群,如果发现某只公鹅与某只母鹅或是某几只母鹅固定配种时,应将这只公鹅隔离,经过1个月左右,才能使公鹅忘记与之配种的母鹅,而与其他母鹅交配,从而提高受精率。

(4)提高种鹅繁殖力的综合措施:由于目前种鹅场普遍存在着种鹅繁殖力较低的问题,即单位母鹅提供的仔鹅数量远远低于理论数值,因此,有必要对这一问题进行专门探讨,采取综合措施加以改进和提高。主要是选用高产品系并采用科学的饲养管理方法。

①选择优良种鹅:鹅品种较多,且各品种鹅的繁殖性能差异很大,所以选择什么样的鹅种是组织鹅场生产较为关键的一步。选择鹅种除了考虑到市场需求外,还要考虑繁殖性能和适应性。鹅对自然气候变化反应敏感,常常因为异地饲养其繁殖力下降幅度很大,如豁眼鹅在安徽、四川等地饲养年产蛋不过50枚。所以在不能完全施以人工环境的种鹅场必须考虑品种的适应

性。在东北地区,目前市场上白羽鹅走俏,可选择豁眼鹅、莱茵鹅、四川白鹅等。

确定品种之后,还要做好鹅群选淘、留种工作。选留体质健康,发育正常、繁殖性状突出、符合本品种特征的个体。对留种的公鹅更要逐个检查,挑选体格健壮、性器官发达、精液品质好的公鹅留种。

②后备鹅培育:后备鹅培育是提高种鹅质量的重要环节。后备鹅培育的好坏将关系到以后种鹅的繁殖成绩。后备鹅一般是指 70 日龄以后至产蛋配种之前准备用的仔鹅,应分 2 个阶段进行培育。

a. 120 日龄以前的后备鹅:要给足全价饲料,有放牧条件的,充分放牧之后也要酌情补喂精料,在舍饲条件下要定时不限量地喂全价饲料,一般每天喂饲 3~5 次。

b. 120 日龄至产蛋配种之前的后备鹅:要实行限制饲养,增加粗料给量,精料酌减,尤其要加强放牧、运动,吃饱草后可少补或不补料。这样既可提高其耐粗饲能力,增强体质,又可控制母鹅过早产蛋,以免影响日后的产蛋量和种蛋合格率。将公、母鹅分开饲养,防止早熟公鹅过早配种致使公鹅发育不良,日后配种能力降低。在开产配种前 15~20 天开始逐步增加精料喂量。

③优化鹅群结构:合理的鹅群结构不但是组织生产的需要,也是提高繁殖力的需要。在生产中要及时淘汰过老的公、母鹅,补充新的鹅群。母鹅前 3 年的产蛋量最高,以后开始下降。所以一般母鹅利用年限不超过 3 年。公鹅利用年限也不宜超过 3 年。适宜的鹅群结构应为 1 岁鹅占 45%,2~3 岁鹅占 50%,4 岁鹅占 5%。

④掌握繁殖季节规律性：鹅的繁殖有明显的季节性，鹅一年只有 1 个繁殖季节，南方为 10 月份至翌年的 5 月份，北方一般在3～7月份。

⑤充分配种：在自然交配条件下，合理的性比例和繁殖小群能提高鹅的受精率。一般大型鹅种公、母配比为 1：4～1：3，中型 1：6～1：4，小型 1：7～1：6。繁殖配种群不宜过大，一般以50～150 只为宜。鹅属水禽，喜欢在水中嬉戏配种，有条件的应该每天给予一定的放水时间，以多创造配种机会，提高种蛋受精率。

在大、小型品种间杂交时，公、母鹅体格相差悬殊，自然配种困难，受精率低，可采用人工辅助配种方法，这也属于自然配种。方法是先把公、母鹅放在一起，使之相互熟悉，经过反复的配种训练建立条件反射，当把母鹅按在地上、尾部朝向公鹅时，公鹅即可跑过来配种。

人工授精是提高鹅受精率最有效的方法，还可大大缩小公、母比例，提高优良公鹅利用率，减少经性途径传播的疾病。采用人工授精，1 只公鹅的精液可供 12 只以上母鹅输精。一般情况下，公鹅1～3 天采精 1 次，母鹅每 5～6 天输精 1 次。

⑥补充光照：光照制度也是影响产蛋量的重要因素。一般每天光照时间 13～14 小时，光照强度每平方米 25lx（勒克斯）就可以满足鹅产蛋、配种的需要。在我国北方地区，早春延长光照至 13～14 小时，鹅可提前开产 50 天，产蛋率和种蛋受精率均不受影响。提早开产孵化可以提高全年种蛋的利用率。

⑦营养需要：种鹅要在产蛋配种前 20 天左右开始喂给产蛋饲料。产蛋期饲料要求代谢能为 11.19MJ/kg 左右，粗蛋白

15％,赖氨酸 0.6％,蛋氨酸＋胱氨酸 0.5％,钙 2.55％,有效磷 0.3％。维生素对鹅的繁殖有着非常重要的影响,必须满足种鹅对维生素 E、维生素 A、维生素 D_3、维生素 B_1、维生素 B_2 及维生素 B_6 的需要。使用分装维生素时,考虑到效价等问题,须按说明书给量的 3～4 倍进行添加。

种鹅精料多以稻谷为主,营养单一,致使产蛋少,种蛋受精率低。为提高种鹅产蛋量和种蛋的受精率,以配合饲料饲喂种鹅效果较好。据试验,采用按玉米 40％、豆饼 12％、皮糠 25％、菜子饼 5％、骨粉 1％、贝壳粉 7％ 的比例制成的配合饲料饲喂种鹅,平均产蛋量、受精蛋、种蛋受精率分别比饲喂单一稻谷提高 3.1 枚、3.5 枚和 2％。由于配合饲料营养较全,含有较高的蛋白质、钙、磷及微量元素,能够满足种鹅产蛋对营养的需要,所以产蛋多,种蛋受精率高。而稻谷营养单一,所以种鹅产蛋少,种蛋受精率低。

种鹅喂青绿多汁饲料可大大提高产蛋率、种蛋受精率和孵化率。有条件的地方应于繁殖期多喂些青绿饲料。

⑧疫病防治:鹅群的健康是正常生产的前提。患病鹅群正常代谢紊乱,其产蛋量、配种能力及种蛋孵化率都会显著降低。有的病鹅虽不表现明显病症,却大量带菌,经种蛋传染给胚胎,致使孵化后期死亡或雏鹅成活率低。

对本地区经常发生的疾病要进行疫苗或接种预防,尤其要强化日常鹅群的保健工作,如每年春、秋两季用碱水等消毒药,对繁殖场进行全方位的喷雾消毒,每隔半个月用百毒杀等对畜禽无害的消毒药对鹅舍及运动场进行一次带鹅喷雾消毒,饮饲用具经常进行刷洗消毒。饲料中定期投放一些广谱抗菌药物。

应该特别注意的是,绝不能喂发霉饲料。

⑨种蛋管理:母鹅产蛋以前要做好产蛋窝。蛋窝内垫草要经常更换,保持清洁卫生,种蛋要随下随拣,一定要避免污染种蛋。被污染蛋表面致病菌数量要比正常种蛋高出几十倍,孵化率、雏鹅成活率都非常低。

种蛋保存条件和时间对孵化率有很大影响,较适宜的保存温度为 8～18℃,相对湿度为 70%～80%,保存期一般以 7 天以内为好,不宜超过 12 天,超过 7 天应每天翻蛋 1 次。

种蛋入孵前要消毒,可用百毒杀、新洁尔灭等稀释液浸洗或用高锰酸钾、福尔马林熏蒸消毒。

⑩提高鹅孵化率:良好的种蛋品质最终要靠孵化来表现。在孵化过程中,除了需要给予适宜的温度、湿度等孵化条件外,还要着重考虑以下几点:

a. 鹅蛋内脂肪含量高,孵化后期(半个月之后),自身脂肪代谢散热量大,往往造成胚蛋温度过高,如果孵化器性能不好,调节不及时,易造成烧蛋。一般孵化至 17 天时开始凉蛋,日凉蛋 1 次或 2 次。可采用抽出蛋车自然降温或于机内喷雾加湿的方法进行凉蛋。

b. 鹅胚发育到 18～20 日龄时,耗氧量急剧增加,所以应该将孵化机的通风孔尽量开大。鹅蛋孵至 26 天左右,胚胎开始由尿囊呼吸逐渐向肺呼吸转变,这时落盘对于胚胎实现这种转变非常有利,所以一般提倡 26 天落盘。

c. 在 28 天以后将孵化机内的湿度增加到 75% 左右,有利于小鹅啄壳出雏。如果孵化机自身调节能力有限,可采用压力喷雾器,向机内喷雾降湿。

(七)鹅肥肝生产技术

　　青年鹅在身体生长基本完成以后,用高能量的饲料,经短时期的人工强制填饲,促其迅速肥育,并在肝脏内积贮大量营养物质,使重量和体积比原来增加5～10倍,称为肥肝。

　　肥肝是一种高档的新型食品。这种肝质地细嫩,营养丰富,味道鲜美,风味独特,是西方国家餐桌上的美味佳肴,每千克鲜肥肝售价在30美元以上,畅销于国际市场。

　　目前,国际市场肥肝的年贸易量4 000～5 000t,法国是肥肝最大生产国,占世界总产量的65%左右,法国也是肥肝消费的大国,全世界80%以上的肥肝在法国消费。匈牙利居第二位,年产肥肝1 000t左右,主要销往法国。以色列、波兰、保加利亚等国也都生产肥肝。我国自1981年以来,各地先后开始了肥肝的试验研究和试产试销,经10年的努力,现已掌握肥肝生产的全套工艺技术,并将产品打入了国际市场。去年浙江等地销往日本的鲜肥肝,每千克售价34美元,取得了较高的经济效益,这是一种创汇产品,已引起各方面的重视。

1. 填肥鹅的选择

　　品种对肥肝的大小影响很明显。一般体型越大,生产的肥肝也较大,应尽可能选择大型品种填饲。我国的狮头鹅和法国的朗德鹅都是肝用性能较好的品种,平均肥肝重可达700g左右。中型鹅种中,湖南的溆浦鹅耐填饲,平均肥肝重可达500多克。小型品种(太湖鹅、豁眼鹅、清远乌鬃鹅等),平均肥肝重只有 300g 左右,不适于作肥肝生产。

对体型要求,应选择颈粗而短的鹅(如朗德鹅)填饲,便于操作,不易使食道伤残。填鹅的体躯要长,胸腹部大而深,使肝脏增长时体内有足够的空间。

对年龄要求,一般都选用 80 日龄左右的青年鹅填饲,因此时鹅体生长已基本结束,所吸收的营养不必用于生长,可在肝脏中积贮,由于日龄较大,体质壮健,不易伤残。我国部分地区用第一期产蛋结束后的淘汰母鹅,也可生产出合格肥肝。

对性别要求,公鹅的绝对肝重比母鹅大,用公鹅生产肥肝较有利。

总之,肥肝生产鹅应选择大中型品种,体质健壮,日龄稍大,颈粗体长的个体(最好是公鹅)进行填肥。

2. 填喂饲料的选择与调制方法

生产肥肝的填喂饲料,效果以玉米最佳,大米次之,其他各种饲料效果极差。目前,各地都采用玉米一种饲料作为主料,添加肉禽微量元素和维生素添加剂,再按饲料总量加 1%～1.5% 食盐和 1%～2% 油脂(食用的植物油和动物油均可)。

调制方法:先将玉米在水中浸涨(把食盐溶于水中),填前将它煮熟,趁热捞起,拌入油脂和添加剂后,即可填喂。

3. 填饲技术

(1)填喂方法:目前都普遍采用电动填肥器填饲。一般由两人为一组,其中 1 人抓鹅、保定,1 人填喂。填喂者坐在填肥器的座凳上,右手抓住鹅的头部,用拇指和食指紧压鹅的喙角,打开口腔,左手用食指压住舌根并向外拉出,同时将口腔套进填肥器的填料管中后徐徐向上拉,直至将填料管插入食道深入(膨大部),然后脚踩开关,电动机带动螺旋推进器,把饲料送入食道中。与此同时,左手在颈下部(填料管口的出料处)不断向下推抚,把饲料推向食道基部,随着饲料的填入,同时右手将鹅颈徐徐往下滑,这时,保定鹅的助手与之配合,相应地将鹅向下拉,待填到食道 4/5 处时(距咽喉处 4～5cm),即放松开关,电动机停止转动,同时将鹅颈从填料管中拉出,填饲结束,整个过程需 20～30 秒钟。

(2)填喂次数和填喂量:填喂次数和填喂量要从少到多,逐步增加,尤其是开头几天,绝对不可多填猛填。一般开始 3 天,每天填两次,这叫适应性填饲,待鹅习惯后,每天增加到 3 次,填 10 天后,再增加到 4～6 次,每次间隔的时间最好相等。为照顾饲养员休息,夜间两次间隔时间的距离可以稍长些。如果人力允许,填两周以后,可以实行 3 班制,改成昼夜填饲,即每隔 4 小时填 1 次(0、4、8、12、16、20 时)。增加次数的目的是为了增加填料量,只要填得下,能消化,就应尽量多填,这是生产大肥肝的关键技术之一。

填喂量,每次每只填 50～100g,每天填 200g 左右,适应以后逐渐增加填料量,每天每只可填 600～800g。

(3)填喂期:因品种和方法而稍有不同,大型品种填饲期稍长些,小型品种填饲期较短些,但个体之间也有很大差异。过去每天填 3 次,填饲期长达 4 周多,现在增加次数和加大填量后,一般填 3 周,就可以生产出大肥肝。同样的品种同样的填法在个体之间也有很大的差异,早熟的个体,填 16～18 天就出大肥肝,晚熟的个体要填 30 多天。

(4)肥肝成熟的外表特征:当加大填料量后,体重迅速增加,皮下和腹腔内积满脂肪,腹部下垂,行动迟缓,步态蹒跚,精神萎靡,眼睛无神,常半开半闭,呼吸急促,羽毛潮湿而零乱,行走的姿势也出现变化,体躯与地面的角度从 45°变成平行状态。食欲减退,出现积食或消化不良症状,这是肝已成熟的表现,应立即停填,及时屠宰。否则,由于进食少,消化不良,已经肥大的肝脏又会因营养消耗而变小。有的鹅体重增加不快,食欲尚好,精神亢奋,行动灵活,这说明还不到屠宰适期,应当继续填饲。

4. 屠宰工艺

肥肝鹅一般只绝食 6 小时就宰杀,即前一天 22 时填喂后,第二天早晨就可屠宰。有的鹅根据健康状况,随时进行急宰。肥肝鹅宰前不能强烈驱赶,捉鹅要十分小心,一般用双手抱鹅,轻抱轻放,以免肝脏破裂变为次品或出血致死。尽量避免长途运输。

现将其要点说明如下:

(1)宰杀:宰杀时将鹅倒悬挂在吊架上。从颈部用刀割断血管放血。放血必须干净,使屠体白净,肥肝色泽好,切不可淤血。

(2)浸烫:放血干净后立即浸烫,水温 63～65℃,浸烫时间 3～5 分钟,根据季节气温高低酌情调整时间。浸烫水必须保持干净清洁,未曾死透或放血不净的鹅不能进水池烫毛。

(3)预冷:屠体拔毛完毕洗净后,将鹅体排放平整(胸部朝上),进入冷库预冷,经 18～24 小时,当鹅体中心温度达 2～4℃(不结冻)即可出预冷库。

(4)开膛取肝:从龙骨末端开始,沿着腹部中线向下切割,切至泄殖腔前缘,把皮肤和皮下脂肪切开(不得损伤肥肝和肠管),使腹腔的内脏暴露,并使内脏与腹腔脱离,只有上端和胸腔连着,然后头朝上把鹅挂起,使肥肝垂落到腹部,这时取肝人一手托住肥肝,另一手伸入腹腔内把肥肝轻轻向下做钝性剥离,这时胆囊也随之剥离。取肝时万一胆囊破裂,应立即把肥肝的胆汁冲洗干净。

(5)整修、检验、称量:肝取下后,放在操作台上,去除肥肝上的结缔组织、脂肪,并把胆囊部位的绿色渗出物修除,随后整形、检验、称重,把合格和不合格的、不同等级的分别包装。称量后的肥肝,应立即进入预冷间(0℃左右),8～12 小时(以肥肝略有硬度、压痕能在较短时间内复原为标准)。鲜肥肝预冷后,应立即盛放在有冰块的塑料保温箱内,打包发运。冻肥肝称量后立即转入结冻间进行速冻,并标明生产日期,分级包装,然后送冷库存放。

5. 分级标准

参见表 3-11。

6. 注意事项

第一,填鹅必须是 80 日龄左右、体格生长已基本完成的育成鹅,尚未充分生长的嫩鹅,经不起强制填饲,容易伤残。

第二,填鹅要选择颈粗短、体型大的健壮个体,生长不良的弱鹅绝不能填。

表 3-11 鹅肥肝分级参考标准

肥肝等级	肥肝重量(g)	肥肝重量的感观评定
特级	600～900	结构良好,无损伤,无内外瘢痕, 浅黄色或粉红色
一级	350～600	结构良好,无内外瘢痕, 浅黄色或粉红色
二级	250～350	结构一般,允许略有瘢痕, 颜色相对较深
三级	150～250	允许略有斑痕,颜色较深

第三,填喂次数和填喂量要从少到多,逐步增加,开始时不可填饲过多过猛,适应后要尽量多填,但要根据不同个体状况,灵活掌握。

第四,鹅舍要保持干燥、安静,光线略暗些,填饱后让鹅休息。

第五,肥肝鹅在育成期内,最好放牧饲养,多吃青饲料,以扩大食道容积。填喂前先进行 1 次体内外驱虫。

(八)鹅绒的生产技术

在禽类的羽绒中,鹅的羽绒仅次于野生的天鹅绒,品质优良。鹅羽绒的绒朵结构好,富有弹性、蓬松、轻便、柔软、吸水性小,可洗涤、保暖、耐磨等,经加工后是一种天然的高级填充料,可制作成各种轻软防寒的服装及舒适保暖的被褥,也是轻工、体育、工艺美术等不可缺少的原料。我国水禽生产居世界第一位,同时也是世界羽绒生产大国。我国于 1870 年将羽绒作为大宗商品开始出口,距今已有 100 多年的历史,我国的羽绒加工业比较发达,是我国重要的出口物资之一,主要销往北美、美国、日本等地。除出口羽绒外,还大量出口羽绒制品,出口量占世界贸易总量的 1/3,换回了大量的外汇。随着人民生活水平的提高,国内市场对高档羽绒制品的需求量越来越大,但由于我国长期以来习惯采用一次性宰杀的羽绒采集方法,工艺落后,产量低,质量差,远远不能满足市场的需求。为了解决这一矛盾,我国已开始推广活拔羽绒这一新技术,生产实践证明,只要科学掌握活拔毛绒技术,就可与种鹅、肉鹅生产有机地结合起来,既不会影响种鹅的产蛋、繁殖性能,对肉鹅的生产也影响不大,每只鹅一年还能增加数十元的羽绒收入。这对于开拓国内外羽绒市场,满足不断增加的市场需求,提高养鹅业的经济效益,促使养鹅业的发展,具有重要的意义。

1. 羽绒的生长规律与结构分类

（1）羽绒的生长发育规律与影响因素:鹅和其他鸟类一样,除了喙、胫、蹼之外,整个体表面覆盖有羽毛,羽绒是体温的绝缘体,也是肌体的重要组成部分。羽绒是鹅身体的表皮细胞经过角质化而形成的。

①生长发育规律:鹅的羽毛形成于胚胎发育期。受精卵孵化 8 天以后,羽毛便开始形成,逐步形成雏羽(或称幼羽),出壳前数天雏羽完全成熟,覆盖雏鹅全身。但鹅的表皮的毛囊和羽毛的迅速发育期是在 3～8 周龄期间。因为刚出壳的雏鹅其雏羽要经数次脱换,2 周龄后,雏羽逐渐脱换为青年羽,8～12 周龄

期间,青年羽又逐步脱换为成年羽。从雏鹅出生至 12 周龄之间,不仅要生长发育肌体,还要频繁更换羽毛,所以应加强营养和管理。如果在这个期间内,环境条件和营养状况不好,更换羽毛的过程就会延长,并且会影响羽绒质量和肌体的健康。成年羽在一般情况下,一年更换一次,人们所利用的就是成年羽,也就是人们常说的"羽绒"。

②影响羽绒生长的因素:正常的羽绒发育过程涉及遗传、激素、环境气候、饲养管理和营养条件,而营养是影响羽绒结构和生长发育的主要因素。

a. 营养条件:从羽绒的成分看,89％～97％由蛋白质组成,构成羽绒蛋白质的主要是角蛋白。羽绒中角蛋白在蛋白质含量中占 85％～90％。角蛋白是一种持久的纤维状蛋白质。这种蛋白质最初是随着毛囊形成发生角蛋白合成,以后毛囊就可利用所需的各种营养元素转化为角蛋白。日粮中蛋白质含量的多少,直接影响羽绒的生长及构成。鹅从初生到 12 周龄,因羽绒要多次脱落更换,所以这期间日粮中蛋白质含量起着重要作用,尤其是日粮中含硫氨基酸的多少,直接影响羽绒的生长发育。因为能够合成角蛋白的主要是含硫氨基酸,即胱氨酸和蛋氨酸。胱氨酸是角蛋白的主要成分,可直接参与角蛋白的合成。蛋氨酸在体内可通过转化为胱氨酸而参与角蛋白的合成。在此期间,胱氨酸应占总含硫氨基酸的 54％左右。在一般情况下,羽绒生长发育成熟后,胱氨酸的需求就会下降。

由于羽绒的生长发育是伴随着整个肌体的生长发育和新陈代谢进行的,所以,在配合日粮中不仅要考虑羽绒的营养需要,还应考虑整个肌体的营养需要。只有满足了肌体生长发育的营养需要,才能满足羽绒的生长发育的营养需要。营养不足时,羽绒失去光泽,数量减少,质量降低;当营养缺乏时,甚至会大量掉毛。尤其当饲料中缺乏维生素 A 时,羽毛粗乱,易被水浸湿。影响羽绒生长发育和肌体生长发育的还有其他氨基酸、碳水化合物、维生素、矿物质、微量元素等。在活拔羽绒鹅的饲养中,若在日粮中加入适量的羽绒粉,对鹅体健康、新羽绒加速长成和提高羽绒质量均有明显效果。

b. 环境气候:鹅身上羽绒主要起保温作用,鹅会根据环境气温的变化所引起的代谢改变而自动调整体表羽毛的数量和品质。冬季鹅的羽绒,数量较多,绒层较厚,含绒量较高,质量好。夏季则既少又差,甚至会自动掉毛。如果把冬季羽绒中纯绒含量作为 100,那么到夏季就减少到只有 60~80。

c. 品种:鹅的品种不同,羽绒的产量和质量也不同。一般来说,体型大而健壮的鹅羽绒比较丰满、浓密,绒朵大、绒层厚,每次所能获取的羽绒量多质优。白羽品种鹅羽绒的质量好于灰鹅。从出售价值来看,白色羽绒约比灰色羽绒高 20% 左右。

d. 饲养管理:在水、草、料丰盛时,鹅体生长发育正常,羽绒数量多、质量好,富有光泽。要注意搞好鹅舍及环境的卫生清洁工作,因为棚舍不干净,缺少游水,草屑、灰沙、粪尿会污染羽绒,时间一长,羽毛顶端变成深黄色,这种毛叫深黄头,羽绒质量明显下降。

e. 生长部位:不同部位的羽绒,其数量与质量也不同。

据对 12 月龄皖西白鹅春季羽毛测试分析,在羽绒总重量中,胸部的占 18.07%,腹部的占 10.56%,背部占 24.37%,腿部的占 4.68%,颈部的占 12.82%,翅尾大羽占 29.50%。在鹅体全部羽绒中,绒含量占 16.58%,各部位绒含量分别是胸部 25.05%,腹部 21.92%,背部 21.99%,、腿部 14.54%,颈部 16.50%。公、母各部位绒朵直径的长径(mm),胸部为 28.65、25.87,腹部为 26.18、25.01,背部为 24.24、23.82,腿部为 25.08、20.75,颈部为 24.60、26.70。可见胸、腹、背、腿部绒朵的长径,公鹅大于母鹅,颈部则反之,母鹅大于公鹅。公、母鹅各部位绒朵直径的短径(mm),胸部为 21.83、22.35,腹部为 19.73、21.56,、背部为 18.53、19.20,腿部为 18.17、15.83,颈部为重 18.56、21.70。可知胸、腹、背部、颈部绒朵短径母鹅大于公鹅,而腿部是公鹅大于母鹅。

f. 拔毛间隔时间和次数:鹅拔毛间隔时间取决于羽毛生长速度,间隔时间过短,羽绒生长未成熟,产毛量和含绒量低,血管毛较多,质量差。间隔时间过长,由于羽绒自然脱换,羽绒整齐度变化很大,产毛量不一定高,还多耗料,增加成本。一般在良好饲养管理条件下,两次拔毛的间隔时间以 40~50 天为宜。在气温低的季节,由于寒冷刺激作用,羽毛生长加快,可适当缩短间隔时间。

只要操作得当,多次拔毛对鹅的健康和生产无不良影响。第 3~4 次拔毛比头 1~2 次平均产毛量高 18.2%,含绒量高 32.8%。

(2)羽绒的结构分类:羽毛是禽类皮肤上特有的衍生物,鹅体不同部位,有外形不同的羽绒,按羽绒的形状和结构,把鹅体表的羽毛分成正羽、绒羽、毛羽和纤羽 4 种主要类型。

①正羽:正羽是覆盖体表绝大部分的羽毛,决定鹅体的外表形状,又称被羽,正羽由羽片和羽轴构成。正羽可分为飞翔羽和

体羽,翼的飞翔羽称为翼羽,尾部飞翔羽称尾羽。覆盖禽体表面的大部分正羽称体羽,覆盖翼羽和尾羽基部的背侧或腹侧的正羽称覆羽,遮盖耳孔的小正羽称耳覆羽。

a. 羽轴:即羽毛中间较硬而富于弹性的中轴。羽轴又包括羽茎和羽根两部分,羽茎在羽轴的上端,较尖细,两侧斜生并列的羽片;羽根在羽轴的下端,较粗,为无色透明的管状结构,羽根的末端伸入表皮,周围为羽毛囊。羽根末端与皮肤真皮形成羽毛乳头,血管由此进入羽髓。羽髓含有丰富的血管,并存满明胶样物质。羽毛生长过程中所需要的营养,就是通过乳头血管进入羽绒后运输的。羽绒髓伴随羽绒生长而延伸,羽绒成熟后,血管从羽绒上部开始萎缩、退化,逐步后移一直萎缩到羽根。

b. 羽片:是由羽茎两侧的若干羽枝及其次生分枝——羽小枝所构成。羽小枝又有近侧羽小枝和远侧羽小枝之分,近侧羽小枝边缘略卷曲呈锯齿状突起,远侧羽小枝的小钩与另一羽枝的近侧小枝的锯齿状突起相互钩连形成完整的羽片。

②绒羽:绒羽被正羽所覆盖,密生于鹅皮肤的表面,整个羽毛的内层,外表见不到。绒羽在构造上与正羽有较明显的区别。其特点是羽茎细而短,甚至呈点状,柔软蓬松的羽枝直接从羽根部生出,呈放射状。绒羽的羽小枝上没有小钩或很不明显,因此不能形成羽片。羽小枝构成隔温层起保温作用,绒羽为最好的保温填充料,是羽毛中价值最高的部分。绒羽分布在鹅体的颈侧下部、胸腹、背、腿、尾、肛门等部位的羽区内。绒羽中由于形态、结构的不同,可分为朵绒、伞形绒(未成熟绒)、毛型绒和部分绒四种类型。

③半绒羽(亦称绒型羽):这是一种介于正羽和绒羽之间的

羽绒,其上部为羽片,下部是绒羽,绒羽较稀少。大多位于正羽之下。

④纤羽:纤羽是单根存在的细羽枝。其主要特征是:细软而长,单根存在,比一般羽小枝还细,故称纤羽。主要着生在正羽内层无绒羽的羽区或无羽区的边缘。

2. 羽绒的采集方法

以科学的方法采集羽绒,是提高羽绒产量、质量和使用价值,并获得较高经济效益的关键。采集羽绒时应按照羽绒结构分类及其用途分别采集,以使各类羽绒完整无损,不混杂,才能各尽其用。采集过程应尽量避免对羽绒的物理或化学损害,注意防止污染,各类羽绒应分别整理、包装,提高羽绒综合利用的价值。目前,我国采集羽绒有两种方法:一是宰杀取毛法;二是活体取毛法。

(1)宰杀取毛法:宰杀取毛法,对于个体来说,是宰杀后一次性把周身羽绒全部取下来的方法。近年来,人们为了提高羽绒质量,对此法进行了创新和改造,形成水烫、蒸拔和干拔三种采集方法。

①水烫法:水烫法也称浸烫法、水煺法、烫煺法:这是种传统的宰杀取毛方法,将在屠宰加工一章中详细介绍。采取这种方法羽毛容易拔下,但鹅毛经热水浸烫后,弹性降低,蓬松度减弱,色泽也变差,不同颜色羽毛常混杂在一起,而且羽毛中最珍贵的朵绒常浮在浸烫热水中被倒掉。若无羽毛脱水烘干设备而依靠日光晒干,阴雨天鹅毛易结块,霉烂变质,晴天朵绒又易随风飘逝,而且常混入灰沙杂质。因此,此法采集的鹅毛品质往往较

差,必须经过加工处理,剔除杂质才能符合要求。

②蒸拔法:蒸拔法是近几年人们为了提高羽绒的利用价值,按羽绒结构分类和用途采用的一种采集羽绒的新方法。这种方法采用的工艺原理是活体拔取羽绒方法和水烫法的有机结合,达到分类采集羽绒的目的,提高含绒比例,做到羽毛和羽绒分别出售,提高经济收益。

具体做法是:在大铁锅内放水加温使水沸腾。在水面 10cm 以上放上蒸笼或蒸篦,把宰杀沥血后的鹅体放在蒸笼或篦子上,盖上锅盖继续加温,蒸 1～2 分钟。拿出来先拔两翼大毛,再拔全身正羽,最后拔取绒羽,拔完后再按水烫法,清除体表的毛茬。使用这种方法应该注意的是:a. 往蒸笼内放鹅体时,不要重叠、挤压,要把鹅体放平,使蒸汽畅通无阻地到达每只鹅的每一个部位。b. 鹅体不能紧靠锅边,防止烤燃羽绒。c. 要严格掌握蒸汽的火候和时间,严防蒸熟肌体和皮肉。掌握蒸汽火候和时间的方法是:烧火人员和掌握熏蒸的人员要相互配合,特别是掌握熏蒸的人员要看蒸汽情况灵活掌握,蒸 1 分钟左右,应揭开锅盖将鹅体翻个儿,再蒸 1 分钟左右,拿出来试拔翅翼的大毛,如果顺利拔下,说明火候正好,可以拔取;如果费力大,拔不下来,就再蒸 1 分钟左右。d. 拔取羽绒顺序是先拔体羽,后拔绒羽。拔取的手法按活拔羽绒的手法进行(参看活拔羽绒的方法)。

这种方法能按羽绒结构分类及用途分别采集和整理,也能使不同颜色的羽绒分开,不混杂,更主要的是能够提高羽绒的利用率和价值。但该方法比较费工,需要多道工序,用劳力较多,尤其是拔完羽绒后,屠体表面的毛茬难以处理干净。有时拔取羽绒操作人员技术不熟练或者应用手法不当,会将绒子拔断,形成飞丝或半朵绒。

③干拔法：干拔法与蒸拔法一样，也是为了提高羽绒的利用价值，按照羽绒结构分类和用途采用的一种采集羽绒的新方法。它主要是采用活拔羽绒的技术工艺，将不同类型和用途的羽绒分别采集整理。具体做法是：将宰杀沥血后的个体，在屠宰还有余热时，采用活拔羽绒的操作手法（参看活拔羽绒的操作方法），先拔有绒区的体羽，后拔羽绒，最后拔取飞翔羽及尾羽等。也可在宰杀放血后，分批将屠体投入 70℃热水稍泡一会儿就挂起，沥去水分，擦干毛片，这样屠体会因受热毛孔舒张，较易干拔毛。此时应趁热拔去正羽，再将内层较干的绒羽用手指推下。用电熨斗烫鹅体表面也有同样功效。拔取羽绒后按水烫法或石蜡煺毛法，将屠体剩余的毛茬等烫煺干净。该方法简便易行，羽绒含水分少，易于保存，并能达到分类采集羽绒的目的，提高羽绒的利用率。但此法缺点同样是屠体表面难以处理干净，若技术不熟练、手法不当容易损坏绒丝，形成半朵绒或飞丝。

（2）活拔羽绒法：活拔羽绒方法是用手工在活鹅体上拔取羽绒的方法。鹅的羽绒是养鹅和鹅肥肝生产中的一项重要的副产品，我国以往只在宰鹅时才把鹅毛收集起来出售，但在欧洲历来就有活鹅人工拔毛的传统习惯。活拔鹅毛绒没有烫煺和干燥两道工序，故其羽绒柔软，蓬松度高，弹性好，光泽度好，杂质少，经久耐用，质量要比屠宰后浸烫过的鹅毛好，据说如保存得好，可使用七八十年之久，故售价也较高。因此，在欧洲有的农民甚至养鹅主要供拔毛用的。我国是近年才将这种科学的方法运用于羽绒生产实践中。其技术原理是：鹅体的羽绒被拔取后，在适宜的饲养管理条件下，鹅体为维持生命和健康，会改变新陈代谢方式,将营养向体表转移,以保证体表羽绒的生长恢复;在营养良好的条件下,约经 6 周龄,绒羽和小的正羽就可生长成熟;活拔鹅羽绒方法正是利用了鹅的这一特性。对羽绒成熟的鹅进行活体拔羽绒后,给鹅创造一个适宜的生活环境,加强营养和管理,使其羽绒在 6 周左右重新长丰满。这时又可再次拔取羽绒,如此,一年可反复拔取数次。

　　活拔羽绒方法与一次性宰杀取毛法相比,是羽绒生产中的一项重要突破,它可在不增加饲养只数的前提下,只要加强营养和饲养管理,就可增加羽绒产量、提高羽绒质量,大大提高了养鹅业的经济效益。

　　①活拔羽绒的部位:活拔羽绒并不是把鹅体周身的羽绒全部拔光,羽绒作用不仅是保持体温,而且还能防止病菌的感染,维持着肌体的健康和生命。鹅体绒羽经济价值比较高,生长发育快,一般情况下拔取后 6 周左右就能复原。鹅体的飞翔羽经济价值也比较高,但恢复时间长,一般需要 12～19 周才能复原。所以,活拔羽绒主要是拔取绒羽和长度在 6cm 以下的毛片。绒羽着生在正羽的内层,因此,拔取绒羽先要拔取覆盖绒羽的正羽或者同时拔取,才能达到拔取绒羽的目的。依据这些条件,应选择有利部位拔取羽绒。实践表明,可供活拔羽绒的部位是:胸腹羽区、颈背羽区、大腿羽区。这些羽区绒羽含量较多,正羽中的毛片较小而柔软,活拔后短时间内就能恢复。但要注意的是,颈侧区应在下 1/3 处拔取,小腿羽区和肛门羽区虽然有绒羽,但为了保持体温不能拔取。

　　②活拔羽绒鹅的选择:并不是所有的鹅都能供活拔羽绒,活体拔毛一定要和当地的气候、养鹅的季节相结合,尽可能做到不

影响产蛋、配种、健康,尽可能不影响或少影响鹅的生长发育,这是一个基本的前提。

雏鹅、中鹅由于羽毛尚未长齐,不能活拔羽绒。在羽毛已经长齐的鹅中,也不是每只鹅都能活拔。可供活拔的鹅必须是体质健壮无病的个体。体弱多病的鹅,营养不良,拔出的肌肉、皮肤碎块,影响羽绒质量,加之其适应性差,抵抗力弱,拔毛的刺激会加重病情,容易引起感染,甚至造成死亡。处于产蛋季节的母鹅,已经消耗较多的营养,拔毛的刺激会造成激素和代谢水平的改变;拔毛还会影响食欲,降低其采食量,而长毛又要消耗一部分营养,导致鹅营养不良;最终影响了产蛋和种蛋的质量,所以产蛋母鹅不能拔羽。据试验,拔毛后第 1 周,产蛋量显著下降,不论拔毛多少,均减少 1/3~2/3,直到 2~4 周仍未恢复;种蛋受精率也显著下降,未拔毛的对照组为 90%,拔毛的试验组仅为 70%。正在换毛的鹅,活拔时极易拉破皮肤,血管也较多,含绒量少,无论是鹅绒质量还是胴体质量均较差。因拔毛可能损伤皮肤,在屠体上留下瘢痕,影响外观品质,所以对需要整只出口的肉鹅,不宜进行活拔羽绒。饲养 5 年以上的鹅,新陈代谢能力弱,毛绒再生能力差,毛绒量也少,不适于活拔,值得注意的是,近年来国内外市场对填充羽绒的质量要求越来越高,为了防止"印花"现象,保证时装颜色美观一致,一般都是选用优质的白色羽绒作填充原料,所以,活拔鹅羽绒最好选用白毛鹅,不用体重小的杂色鹅。以下几种鹅群常用于活拔羽绒。

a. 休产期的种鹅群:种母鹅一般在 5~6 月开始陆续停产,进入休产期,这时不拔也会自然脱落换羽。种鹅一般可利用4~5 年,因此,在成年种鹅夏季的休产期可活拔羽绒 2~3 次,到秋冬新羽长齐时,种母鹅正好又开始产蛋,这对提高饲养种鹅的经济效益有很大帮助。南方的四季鹅,则要根据鹅群具体的休产时间来安排。

b. 后备种鹅群:准备留种的后备种鹅群,到 90 日龄左右,成年羽成熟后,就可开始活体拔取羽绒。如果营养状况好,每隔45 天左右均可拔取 1 次,到开产前可连续活拔 3～4 次。

c. 肉用商品鹅群:肉用仔鹅一般饲养到 80～90 日龄即可上市,如果进行一次活体拔羽绒,又要再养 40～50 天,其饲养成本远高于活拔一次羽绒的收益,因此肉用仔鹅上市前一般不宜进行活拔羽绒。但若遇上仔鹅上市集中,市价太低,就可拔 1 次或几次毛,让仔鹅继续生长或延迟至价格高时再出售。这样既有羽绒的收入,又有价格升高的增收,最终收益可能超过所担加的饲养成本。我国北方肉用仔鹅出栏有较强的季节性,一般均在秋末冬初。春季孵化的雏鹅,饲养到 90 日龄左右,成年羽已经成熟,但还不到出栏季节,这时就可活体拔取羽绒。活体拔取羽绒的次数,要看第一次活拔后到出栏时的时间而定,一般出栏前 50 天内不能活体拔取羽绒。

③活拔羽绒前的准备工作:主要是通过个体检查确定鹅体达到活拔羽绒的适宜时期,并在开始拔羽前做好场地、用具和鹅只准备工作。

a. 判定活拔羽绒的适宜时期:判定活拔羽绒的适宜时期,就是判定羽绒是否成熟。具体方法是在日龄相近或同批的群体中,随意抓住几只,检验个体胸腹部羽绒成熟情况。将鹅抓住,把胸腹部的正羽逆翻起来,看羽毛根血管是否萎缩干枯,有无未成熟的血管毛。如果羽毛根部血管已经萎缩干枯,又无其他血管毛,说明羽绒已经成熟,正是活拔羽绒的适宜时期。如果羽毛根部血管已经萎缩干枯,一部分血管毛已经长出皮肤;说明正在换羽,此时也可拔取,但不能拔取血管毛。如果大部分羽毛根无血管,说明羽绒尚未成熟,不能拔取。如果正羽的羽毛根无血管,但绒羽很少,说明营养不良,也不宜拔取。在检查时还可进行试拔,如果比较容易拔下来,毛根不带血,说明羽绒成熟正好拔取。如果试拔毛根带血,说明尚未完全成熟,需再等几天。总之,要及时检查,适时拔取。

b. 场地准备:主要是指供活拔羽绒的场地和拔后鹅只圈养场地。活拔羽绒场地一般应在室内进行,将地面和墙壁清扫干净,地面上最好铺一层塑料布或旧报纸,以防污染掉落在地面上的羽绒,同时也便于收集失落的羽绒。如果在室外进行,就要选择避风向阳的场地,选择天气晴和的日子,同样要把场地清扫干净。活拔羽绒后的鹅只,因其失去部分羽绒,保暖性差,需要留在避风暖和的场地,最好是圈舍,并在圈舍的地面上铺一层稻草或其他软草,以保暖防潮,预防感冒或其他疾病。

c. 用具准备:主要是准备装羽绒的用具,如纸箱或塑料桶及布袋等。另外,就是操作人员所用的用具如坐的凳子、放鹅体的平台或桌子等。为防止拔破皮肤受感染,应准备酮晶、药棉、酒精、镊子及无菌针和线。有条件的可准备围栏,把需要活拔羽绒的鹅围住,以便抓捕。

d. 鹅只准备:主要是从适宜拔羽的群体中,选择体质健壮无病的鹅只单独组群。在拔羽绒前一天晚上停食,拔前4小时停止饮水。如果鹅体比较脏,可在清早或头天午后放水,使鹅在水中洗净羽绒。拔羽前将要拔毛的鹅只用围栏围住。

④活拔羽绒的操作方法：活拔羽绒均是手工操作，因此，活拔羽绒技术熟练程度及操作手法对减轻鹅的应激反应，提高活拔羽绒质量有较大影响，应十分注意。

a. 鹅体的保定：保定鹅只要根据操作人员的方便而定，一定要做到既保护鹅体，又要使操作者操作方便。主要有以下几种方法：

双腿保定：操作者坐在凳子上，用绳捆住鹅的双脚，将鹅头朝操作者，背置于操作者腿上，用双腿夹住鹅只，然后开始拔毛。此法容易掌握，较为常用。

站立式保定：操作者坐在凳子上，用手抓住鹅颈上部，使鹅呈站立姿势，用双脚踩在鹅只两脚的趾和蹼上面（也可踩鹅的两翅），使鹅体向操作者前倾，然后开始拔毛。此法比较省力、安全。

卧地式保定：操作者坐在凳子上，右手抓鹅颈，左手抓住鹅的两腿，将鹅伏着横放在操作者前的地面上，左脚踩在鹅颈肩交界处，然后活拔。此法保定牢靠，但掌握不好，易使鹅受伤。

专人保定：1人专做保定，1人拔毛。此法操作最为方便，但需较多的人力。

b. 拔毛的操作方法：拔毛操作有两种方法：一种是毛绒齐拔，混合出售。这种方法简单易行，但分级困难，影响售价；另一种毛绒分拔，先拔毛片，再拔绒朵，分级出售，按质计价，这种方法比较受买卖双方的欢迎，而且对加工业也有利。因此，用后一种方法较好。对不同颜色的绒羽也要分别存放，不要混在一起，尤其白色羽绒，绝不能混入其他颜色的羽绒，以免降低羽绒的质量和价格。

毛绒齐拔法:拔时先从颈的下部、胸的上部开始拔起,从左到右,自胸至腹,一排排紧挨着用拇指、食指和中指捏住羽绒的根部往下拔。拔时不要贪多,特别是第一次拔毛的鹅;拔出羽时一次2~3根为宜,不可垂直往下拔或东拉西扯,以防撕裂皮肤;拔绒朵时,手指再紧贴皮肤,捏住绒朵基部,以免拔断而成为飞丝,降低羽绒的质量。胸腹部的羽毛拔完后,再拔体侧、腿侧和尾根旁的羽绒,拔光后把鹅从人的两腿下拉到腿上面,左手抓住鹅颈下部,右手再拔颈下部的羽毛,接下来拔翅膀下的羽毛。拔下的羽绒要轻轻放入身旁的容器中,放满后再及时装入布袋中,装满装实后用细绳子将袋口扎紧贮存。

毛绒分拔法:先用三指将鹅体表的毛片轻轻地由上而下全部拔光,装入专用容器,然后再用拇指和食指平放紧贴鹅的皮肤,由上而下将留在皮肤上的绒朵轻轻地拔下,放在另外一只专用容器中。

在操作过程中,拔羽方向顺拔和逆拔均可,但以顺拔为主,如果不慎将鹅的皮肤拔破,可用红药水(或紫药水、碘酊、0.2%高锰酸钾溶液)涂抹消毒,并注意改进手法,尽量避免损伤鹅体。刚刚拔完的鹅,应立即轻轻放下,让其自行放牧、采食和饮水,鹅舍内应尽量多铺干净的垫草,保持温暖干燥,以免鹅的腹部受潮受冻。另外,拔毛鹅不要急于放入未拔毛的鹅群中,以免发生"欺生"现象。

c. 药物辅助脱毛:由于人工活拔羽绒费工,且易拉破皮肤,20世纪80年代中期开始推广药物脱毛技术,可避免上述情况发生。

药物脱毛原理:脱毛药物复方环磷酰胺片剂,商品名复方脱毛灵,是一种潜化型氮芥类药物,本身无活性,进入体内后经过肝微粒体的氧化酶作用,生成有活性的代谢物及其静割液流经皮肤,抑制毛囊和毛根细胞的正常代谢过程,使细胞发生暂时性、可逆性营养不良,使生长的毛根变细而易于脱落。据测定,经药物作用 10 多天后,毛绒易于脱落。服药 1 小时后,血浆中药物浓度达到高峰,半衰期为 5～6 小时,48 小时后排出 99% 以上,肉中无残留,肝、肾、脾、膀胱只有微量残留,对鹅无害。

投药方法与剂量:拔毛前 13～15 天,选健康、毛绒丰满的鹅,按每千克体重 45～50mg 口服给药。投药时,掰开鹅嘴,将药片塞入舌根部,用安有细胶管的注射器,抽取 20～30ml 温水,注入鹅嘴中送服,服药后让鹅多饮水。服药后 1～2 天食欲减退,个别鹅拉绿色稀粪,1～2 天恢复正常。拔毛一般在服药后 13～15 天内进行,过早不易拔掉,过晚自然脱落,损失毛绒。其他操作同前述。

效益分析:服药拔毛每只平均增产毛绒 8～10g,毛根很少带血、带肉质,表皮组织完好,碎毛率仅 0.6%。不服药活拔,其碎毛率和毛根带血的各占 5%,带表皮组织的占 1%～2%;药物脱毛拔完 1 只鹅的毛绒只需几分钟,最慢不过 15 分钟,省工和提高毛绒品质效益可抵药费开支,增加的毛绒产量收入相当于纯收入。

⑤活拔羽绒后的鹅只管理:活体拔毛对鹅来说是一个比较大的外界刺激,鹅的精神状态和生理功能均会因此而发生一定的变化,对外部环境的适应力和抵抗力均有下降。一般为精神委顿、活动减少、行走摇晃、胆小怕人、翅膀下垂、食欲减退。个别鹅会体温升高、脱肛等。一般情况下,上述反应在第二天可见

好转,第三天恢复正常,通常不会引起生病或造成死亡。

为确保鹅群的健康,使其尽早恢复羽毛生长,必须加强饲养管理。拔毛后鹅体裸露,3 天内不能在强烈阳光下放养,7 天内不要让鹅下水和淋雨,最好铺以柔软干净的垫草。饲料中应适当补充精料,增加蛋白质的含量,补充微量元素,拔毛后按每千克体重硫黄 0.5g,硫酸锌 0.5g,石膏 1g,蚕砂 1g,土茯苓 1g,拌入饲料,每天喂 1 次,连喂 25 天,可加快羽绒的恢复,缩短拔毛间隔时间 15 天左右。7 天以后,皮肤毛孔已经闭合,就可以让鹅下水游泳,要多放牧,多食青草。种鹅拔毛以后,公母鹅应该分开饲养,停止交配。对于少数脱肛鹅,可用 0.2％的高锰酸钾水溶液清洗患部,再自然推进使其恢复原状,1～2 天就可恢复痊愈。

试验观察表明,拔毛后 4 天腹部露白,第 10 天腹部长绒,第 20 天背部长绒,第 25 天腹部绒毛长齐,第 30 天背部绒毛长齐,第 35 天基本复原。所以,一般规定 42 天为 1 个拔毛周期。

四、家庭养鹅场常见疾病防治要点

（一）鹅病综合性防治措施

鹅是强健的家禽,有较强的抗病能力。但是,如不注意卫生防疫或管理不当,也会引起多种疾病的发生。鹅的疾病按其发生原因一般可分为传染病、寄生虫病和普通病3大类。传染病流行急,死亡率高,对鹅危害极大,如小鹅瘟等。寄生虫病也能在鹅群中传播、蔓延,使其他健康鹅发病,如球虫病、绦虫病。普通病不会传染,但在集中饲养的情况下,在同一时期内可能会使鹅大批发病。如维生素缺乏症、食盐中毒等。因此,在养鹅生产中,必须高度重视鹅的疾病防治工作,严格贯彻"预防为主,防治结合"的方针,采用综合性防治措施,防止各种疾病发生,确保鹅群健康和养鹅生产的顺利进行。

1. 加强饲养管理,增强抗病力

加强饲养管理是增强鹅群抗病力的根本措施。应根据鹅的各个生育阶段的特点,采取不同的管理措施,供给全价饲料和清洁饮水,增强鹅的抗病能力。

(1)把好引进鹅的质量关:引进本场的雏鹅和种鹅,必须来自于健康和高产的种鹅群,外来鹅未经隔离观察不得混入原来的鹅群,以保证鹅场安全生产。

(2)满足鹅群营养需要:在饲养管理过程中,要根据鹅的品种、大小、强弱不同,分群地养,按其不同生长阶段的营养需要,供给相应的配合饲料,采取科学的饲喂方法,以保证鹅体的营养需要。同时还要供给足够的清洁饮水,注意鹅体的体质锻炼,增加放牧时间或运动时间。只有这样,才能有效地防御多种疾病的发生,特别是防止营养代谢性疾病的发生。

(3)创造良好的生活环境:按照鹅群在不同生长阶段的生理特点,控制适当的温度、湿度、光照、通风和饲养密度,尽量减少各种应激反应,防止惊群的发生。

(4)搞好鹅舍与运动场清洁卫生工作:潮湿的环境适宜病原微生物的生存和繁殖,是发生疾病的疫源地。因此,鹅场的排水沟、垃圾、垫料要经常清理或更换;用具要经常清洗和消毒,粪便要及时清理并运送到距鹅舍百米远的地方堆积发酵和消毒。

(5)做好日常观察工作,随时掌握鹅群健康状况:每日观察记录鹅群的采食量、饮水表现、粪便、精神、活动、呼吸等基本情况,统计发病和死亡情况,对鹅病做到"早发现、早诊断、早治疗",减少经济损失。

2. 坚持消毒制度,消灭病原体

对饲养人员、用具、车辆等媒介物实行日常性的消毒。对鹅舍、运动场、饲养设备(料槽、饮水器等)、孵化室、孵化器具都要定期进行全面的清洗和消毒。如发现疫病时,应进行突击性消毒,以根除疫源。

3. 适时接种疫苗,增强免疫力

按照合理的免疫程序适时进行免疫接种,以增强鹅体的特异性免疫力,可有效地预防传染病的发生。各种疫(菌)苗的保存及免疫接种方法,都必须严格按照使用说明书进行,疫苗应现配现用,妥善保管,接种疫苗的用具要严格消毒,接种疫苗前后要停用抗生素类药物。

(二)常见病防治

1. 小鹅瘟

小鹅瘟是雏鹅的一种急性或亚急性败血性传染病。临床特征是病鹅精神沉郁,食欲废绝,严重下痢和有时出现神经症状。以发生渗出性肠炎为主要病理变化,大片坏死、脱落和凝固物在小肠中段和后段肠腔形成"香肠"状栓子,堵塞肠腔。

(1)流行特点:小鹅瘟病毒存在于病鹅的肠道、肝、脾、血液和脑组织中,在−20℃下至少能存活两年。加热56℃ 3小时以上死亡,普通消毒剂对病毒有杀灭作用。

本病主要侵害4～20日龄的雏鹅,日龄愈小,损失愈大。15日龄以上的雏鹅发病后,症状比较缓和,并可部分自愈;25日龄以上的雏鹅很少发病;成年鹅感染后不显任何症状。主要传染源是病雏鹅和带毒成年鹅。病雏鹅可随分泌物、排泄物排出病毒污染饲料、饮水、用具及环境;然后经消化道传染给健康的雏鹅。

(2)临床症状:潜伏期为 3～5 天,分为最急性、急性和亚急性 3 型。

①最急性型:多发生在 1 周龄内的雏鹅,往往不显现任何症状而突然死亡。

②急性型:常发生于 15 日龄内的雏鹅。病雏初期食欲减少,精神委顿,缩颈蹲伏,羽毛蓬松,离群独处,步行艰难。继而食欲废绝,严重下痢,排出混有气泡的黄白色或黄绿色水样稀粪。鼻分泌液增多,病鹅摇头,口角有液体甩出,喙和蹼色上绀。临死前出现神经症状,全身抽搐或发生瘫痪。病程 1～2 天。

③亚急性型:发生于 15 日龄以上的雏鹅。以委顿、不愿走动、减食或不食、拉稀和消瘦为主要症状。病程 3～7 天,少数能自愈,但生长不良。

(3)病理变化:主要病变在消化道,死于最急性型的病雏,病变不明显,只是小肠黏膜肿胀、充血和出血,出现败血性症状。急性型雏鹅,特征性病变是小肠的中段、下段,尤其是回盲部的肠段极度膨大,质地硬实,形如香肠,肠腔内形成淡灰色或淡黄色的凝固物,其外表包围着一层厚的坏死肠黏膜和纤维形成的伪膜,往往使肠腔完全填塞。部分病鹅的小肠内虽无典型的凝固物,但肠黏膜充血和出血,表现为急性卡他性肠炎。肝、脾肿大、充血,偶有灰白色坏死点,胆囊也增大。

(4)防治

①消毒:孵坊中的一切用具、设备于使用后必须清洗消毒。种蛋最好经甲醛熏蒸消毒。刚出壳的雏鹅防止与新、购入的种蛋接触,育雏室要定期消毒。

②小鹅瘟疫苗注射：母鹅在产蛋前1个月，每只注射1：100倍稀释的（或见说明书）小鹅瘟疫苗1ml，免疫期300天，每年免疫1次。注射后2周，母鹅所产的种蛋孵出的雏鹅具有免疫力。母鹅注射小鹅瘟疫苗后，无不良反应，也不影响产蛋。

③免疫血清注射：在本病流行地区，未经免疫种蛋所孵出的雏鹅，每只皮下注射0.5ml抗小鹅瘟血清，保护率可达90%以上。出现症状的病鹅，注射量为0.8～1ml，也有一定治疗作用。

2. 鹅蛋子瘟

鹅蛋子瘟又名卵黄性腹膜炎或鹅大肠杆菌性生殖器官病，是产蛋母鹅常见的一种传染病。主要是卵巢、卵子和输卵管炎症，进一步发展成卵黄性腹膜炎。病鹅大多数突然死亡。本病通常出现在产蛋期间，产蛋停止后本病流行也告终止。

（1）流行特点：本病的病原体是一定血清型的埃希大肠杆菌。公母鹅的交配是引起本病互相传播的重要途径之一，因为从发病的鹅群中的公鹅生殖器上，分离到与母鹅腹腔中同一血清型的大肠杆菌。

（2）临床症状：病初，首先在产蛋的母鹅群内发现产软壳蛋与薄壳蛋，产蛋量下降。病鹅精神沉郁，食欲减退，不愿行动，常离群呆立。病鹅肛门周围羽毛上沾有污秽、发臭的排泄物，排泄物中混有蛋清及凝固样的蛋白或卵黄小块。病后期，病鹅由于并发腹膜炎，病情加剧，体温升高，食欲废绝，羽毛干燥无光泽，精神极度不振，鹅体逐渐消瘦，最后饥饿失水、衰弱而死。病程多为5～10天。少数病鹅能够自愈，但不能再产蛋。

(3)病理变化:切开腹腔,内有淡黄色腥臭的混浊液体,并混有破损的卵黄,腹腔脏器表面覆盖有浅黄色的纤维性渗出物。腹膜有炎症,肠系膜出血,肠道互相粘连。卵子发生炎症、变形,子宫和输卵管都有较严重的炎症。

(4)防治

①预防:平时应搞好鹅群的卫生工作,在本病流行的地区,可采用鹅蛋子瘟氢氧化铝灭活菌苗预防接种,在开产前1个月,每只成年公母鹅每次胸肌内注射射1ml,每年1次。如无此预防疫苗,可在母鹅开始产蛋后即喂服呋喃唑酮,每只母鹅每天给药15~20mg,连喂2~3天,每月至少1次,3个月后停喂。

②治疗常用方法如下(任选一种)

a. 每只肌内注射庆大霉素4万~8万单位,每天2次,连用3天。

b. 每只胸肌内注射射卡那霉素或链霉素10万~20万单位,每天2次,连注3天。

c. 每只胸肌内注射射20%磺胺噻唑钠3~4ml,每天1次,连注3天。

d. 每天每只喂服呋喃唑酮30~40mg,连喂5天。病鹅多时可将药物拌入饲料中喂给。呋喃唑酮喂后对母鹅产蛋影响较大,一般降低10%~20%。

对已发病的鹅群中,应检查公鹅外生殖器,如有病变,应及时淘汰。确因配种需要一时无法解决的,除选择上述药物积极治疗外,可将外生殖器上的结节切除,每天用双氧水清洗公鹅外生殖器,并在溃疡面积创口处涂敷庆大霉素软膏,每天1次,连用3~5天。此外,也可用5%碘甘油或3%的龙胆紫药水涂敷,每天1～2次,连用3～4天,均有较好的疗效。

3. 禽出血性败血病

又称禽霍乱或巴氏杆菌病,是鸡、鸭、鹅共患的一种急性败血性传染病,危害十分严重。

(1)流行特点:病原体为多杀性巴氏杆菌。病鹅的排泄物和分泌物中,带有大量病菌,污染了饲料、饮水、用具和场地等,会导致健康鹅染病。饲养管理不良,长途运输,天气突变和阴雨潮湿等因素都能促进本病的发生和流行。禽巴氏杆菌抵抗力很低,用5％石灰乳、或1％～2％漂白粉水溶液、或3％～5％煤酚皂溶液,在数分钟内都有较好的杀灭作用;病菌在自然干燥的情况下很快死亡;在血液、分泌物及排泄物中能生存6～10天;在死鹅体内,可生存1～3个月之久;高温下立即死亡。

(2)临床症状:潜伏期:2小时至5天。按病程长短一般可分为最急性、急性和慢性3型。

①最急性型:常见于本病暴发的最初阶段,无明显症状,常在吃食时或吃食后突然倒地,迅速死亡。有时见母鹅死在产蛋窝内。有的晚间一切正常,吃得很饱,次日口鼻中流出白色黏液,并常有下痢,排出黄色、灰白色或淡绿色的稀粪,有时混有血丝或血块,味恶臭,发病1～3天死亡。

②急性型:病鹅精神委顿,不愿下水游泳,即使下水也行动缓慢,常落于鹅群后面或离群独处,羽毛松乱,体温升高达42.3～43℃,食欲减少或废绝,口渴,眼半闭或全闭,打瞌睡,缩头弯颈,尾翅下垂,口和鼻腔有浆液、黏液流出,呼吸困难,张口伸颈,常摇头,欲将蓄积在喉部的黏液排出,故称为"摇头瘟"。

病鹅发生剧烈腹泻,排出绿色或白色稀粪,有时混有血液,有腥臭味。病鹅往往发生瘫痪,不能行走,患鹅的喙和蹼明显发紫,通常在出现症状的2～3天死亡。

③慢性型:多发生在本病的流行后期,病鹅日趋消瘦、贫血,腿关节肿胀和化脓、跛行,最后消瘦衰竭而死。少数病鹅即使康复,也生长迟缓。

(3)病理变化:最急性型病变不明显。急性型,皮肤(尤其是腹部)出现发绀;心外膜和心冠脂肪有出血点;肝肿大、质脆,表面有灰白色针尖大小的坏死点等特征性病变。胆囊多数肿大。肠道附十二指肠和大肠黏膜充血和出血最严重,并有卡他性炎症。肺充血和出血。慢性型常见鼻腔和鼻窦内有多量黏性分泌物,关节肿大变形,个别可见卵巢充血。

(4)防治

①预防:养鹅场应建立和健全严格的饲养管理和卫生防疫制度。由外地购入的雏鹅必须加强检疫,以防疫病传播;在本病常发地区,应定期进行预防注射。目前使用的有禽霍乱氢氧化铝菌苗和禽霍乱弱毒活菌苗,但效果还都不够理想,一般免疫期为5～6个月,保护率60%～70%。应用发病场的病料制成自家灭活菌苗进行免疫接种,常可获得较好的免疫效果。发生本病时,应及时采取隔离治疗、扑杀病鹅和消毒等有效措施,尽快扑灭疫情。

②治疗:目前常用的药物有:

a. 磺胺类药物:磺胺嘧啶、磺胺二甲嘧唑、磺胺异噁唑,按0.4%～0.5%混于饲料中喂服,或用其钠盐配成0.1%～0.2%水溶液饮服,连喂3～5天。磺胺二甲氧嘧啶、磺胺喹恶啉,按

0.05%～0.1%混于饲料中喂服。复方新诺明按 0.02%混于饲料中也有良好的防治效果。

b. 抗生素:成年鹅每只肌内注射 10 万单位青霉素或链霉素,每日 2 次,连用 3～4 天。用青、链霉素同时治疗,效果更佳。土霉素按每千克体重 40mg 或氯霉素 20mg 给病鹅内服或肌内注射,每天 2～3 次,连用 1～2 天。大群治疗时,用土霉素按0.95%～0.1%比例混于饲料或饮水中,连用 3～4 天。

c. 喹乙醇:按每千克体重 20～30mg 拌料喂用 3～5 天,疗效良好。

4. 鹅的鸭瘟病

鹅也感染鸭瘟,虽不形成大范围的流行,但却罕见发生,特别是小鹅较易感染,死亡率高。其病原为鸭瘟病毒,感染后引发急性、热性、败血性传染病,俗称"大头瘟"。

(1)流行特点:主要经消化道感染,也可通过交配、呼吸道等途径感染,发病率为 20%～50%,死亡率可达 90%以上。雏鹅8 日龄即可感染,以 40 日龄发病最为常见。种鹅也易感,而母鹅,尤其产蛋母鹅发病率和死亡率最高。在发病季节上,以春夏之交和秋季流行较为严重,呈地方性流行,也有少数散发性流行。

(2)临床症状:病鹅体温升高达 41.5～42.5℃,精神沉郁,离群独处,食欲减少或不食,渴欲增加,下痢,粪便呈绿色,污染泄殖腔周围的羽毛。泄殖腔黏膜充血、出血及水肿。

(3)病理变化:鹅的鸭瘟病与鸭瘟的病理变化基本相同,肝有不规则、大小不一的灰黄色坏死病灶,少数坏死灶中间有小的点状出血。心包膜、口腔、食道及腺胃黏膜有出血点,肌胃角质下层充血或出血,十二指肠和直肠出血最严重。泄殖腔黏膜有充血、出血、水肿及坏死部呈灰绿色或绿色,夹有坚硬的物质。

（4）防治:本病目前无特效治疗药物。应搞好鹅群日常卫生工作,加强饲养管理。不与发生鸭瘟的病鸭接触,不到鸭瘟疫区放牧。一旦有本病流行,对未出现症状的鹅群可用鸭瘟鸡胚化弱毒疫苗作紧急预防注射。对病鹅应及时扑杀,并做好消毒工作。

5. 小鹅流行性感冒

鹅流行性感冒是发生在大群饲养场中的一种急性、败血性传染病。由于本病常发生在半月龄后的雏鹅,所以也称小鹅流行性感冒（简称小鹅流感）。雏鹅的死亡率一般为50％～60％,有时高达90％～100％。

（1）流行特点:本病的病原体为鹅流行性感冒志贺杆菌,此菌只对鹅尤其是对雏鹅的致病力最强,对鸡、鸭都不致病。春秋两季常发,可能是由于病原菌污染了饲料和饮水而引起发病。

（2）临床症状:初期,可见病鹅鼻腔不断流清涕,有时还有眼泪,呼吸急促,并时有鼾声,甚至张口呼吸。由于分泌物对鼻孔的刺激和机械性阻塞,为尽力排出鼻腔黏液,常强力摇头,头向后弯,把鼻腔黏液甩出去。因此在病鹅身躯前部羽毛上黏有鼻黏液。整个鹅群都黏有鼻黏液,因而体毛潮湿。鹅发病后即缩颈闭目,体温升高,食欲逐渐减少,后期头脚发抖,两脚不能站立。死前出现下痢,病程2～4天。

（3）病理变化:鼻腔有黏液,气管、肺气囊都有纤维素性渗出物。脾肿大突出,表面有粟粒状灰白色斑点。有些病例出现浆液性纤维素性心包炎,心内膜及心外膜出血,肝有脂肪性病变。

(4)防治

①预防:平时应加强对鹅群的饲养管理,饲养密度要适当,特别对1月龄以内的雏鹅,更要注意防寒保暖,经常保持鹅舍干燥和场地、垫草的清洁卫生。

②治疗可选用下列药物之一

a. 青霉素:每只雏鹅胸肌内注射射2万~3万单位,每天2次,连用2~3天。

b. 氯霉素:每只雏鹅肌内注射15~30mg,每天2次,连用2天。

c. 磺胺噻唑钠:每千克体重每次0.2g,8小时1次,连用3天,肌内注射、静脉注射均可,或按0.2%~0.5%的比例拌于饲料中喂给。

d. 磺胺嘧啶:第一次口服1/2片(0.25g),每隔4小时服1/4片。

e. 口服中药:用红糖500g,车前草500g,加水5~7.5L,煎汁后将汁水拌入适量饲料,可供200~300只病鹅服用,日服2次,连服2天。

6. 鹅曲霉菌病

鹅曲霉菌病是鹅的一种常见的真菌病。主要侵害雏鹅,多呈急性,发病率较高,造成大批死亡。成年鹅多为个别散发。

(1)流行特点:本病的病原体主要是烟曲霉菌。其他如黄曲霉菌、黑曲霉菌等,都有不同程度的致病力。这些霉菌和它所产生的孢子,在鹅舍地面、空气、垫料及谷物中广泛存在。尤其是鹅舍矮小,空气污浊,高温高湿,通气不良,鹅群拥挤以及营养不良、卫生状况不好的环境,更易造成本病的发生和流行,导致大批雏鹅发病死亡。

(2)临床症状:病鹅主要表现为食欲减少或停食,精神委顿,眼半闭,缩颈垂头,呼吸困难,喘气,呼气时抬头伸颈,有时甚至张口呼吸,并可听到"鼓鼓"沙哑的声音,但不咳嗽。少数病鹅鼻、口腔内有黏液性分泌物,鼻孔阻塞,故常见"甩鼻"。表现口渴,后期下痢,最后倒地,头向上向后弯曲,昏睡不起,以致死亡。雏鹅发病多呈急性,在发病后2～3天内死亡,很少延长到5天以上。慢性者多见于大鹅。

(3)病理变化:病死鹅的主要特征性病变在肺部和气囊。肉眼明显可见肺、气囊中有一种针头大小乃至米粒大小的浅黄色或灰白色颗粒状结节。肺组织质地变硬,失去弹性切面可见大小不等的黄白色病灶。气囊壁增厚混浊,可见到成团的霉菌斑,坚韧而有弹性,不易压碎。

(4)防治

①预防:改善饲养管理,搞好鹅舍卫生,注意防霉是预防本病的主要措施。不使用发霉的垫草,严禁饲喂发霉饲料。育雏舍定期用甲醛熏蒸消毒。垫草要经常更换、翻晒,尤其在梅雨季节,要特别注意防止垫草和饲料霉变。

②治疗:本病治疗无特效药物。可试用制霉菌素,剂量为每只雏鹅口服2万～5万单位,连用3～5天。口服碘化钾有一定的疗效,每升饮水加碘化钾5～10g。也可试用0.03%硫酸铜溶液或0.01%煌绿溶液饮水。对发病鹅群应立即更换垫料或停

喂发霉饲料,清扫和消毒鹅舍。饲料中加入土霉素或供含链霉素的饮水,链霉素剂量为每只 1 万单位,可以防止继续感染,在短期内减少发病和死亡。

7. 鹅副伤寒

鹅副伤寒是由沙门杆菌引起。本病以雏鹅最常发。病鹅粪便含病菌最多,经污染饲料漱水和用具传播。气候的突然变化,饲养管理不善,饲料变质等均易诱发此病。

(1)流行特点:主要经过消化道感染,被细菌污染的种蛋也可传播本病。一般呈地方性流行,常出现暴发流行。1～3 周龄的雏鹅易感性最高,死亡率一般在 20％～60％,而成年鹅则为慢性或隐性感染。

(2)临床症状:病鹅下痢,喙的周围常有黏液,精神委顿,羽毛松乱,垂头闭目,食欲不振或废绝,体质逐渐衰弱。病情严重时,常排出未消化的食物,有时清晨发病,到下午即死亡。成年鹅患痢疾,其症状较轻或无症状。母鹅患此病时,产蛋量减少。

(3)病理变化:病鹅食道膨大部空虚,没有食物。肝肿大、充血,脾肿大,质地变脆,肾脏发白,肠道弥漫性出血和坏死。

(4)防治

①预防:不喂腐败的饲料,平时注意搞好环境卫生,加强饲养管理,经常消毒鹅舍及用具。

②治疗:可用土霉素、氯霉素或呋喃唑酮,均有较好的疗效。也可用大蒜汁喂服,将大蒜洗净捣烂,1 份大蒜加 5 份清水制成 20％的大蒜汁内服,疗效较好。

8. 鹅口疮

鹅口疮又叫禽念珠菌病,是一种消化道上部的真菌病。主要发生在鸡、鹅和火鸡。其特征为口腔、喉头、食道等上部消化道黏膜形成伪膜和溃疡。

(1)流行特点:本病病原是白色念珠菌。在自然条件下,本病主要发生在幼龄的鸡、鹅、火鸡和鸽等禽类。幼龄的发病率和死亡率都比成龄的高。饲养管理条件不好,例如鹅舍内过分拥挤、闷热不通风、不清洁等,饲料配合不当,维生素缺乏以及天气湿热等,都是导致抵抗力降低,促使本病发生和流行的因素。

(2)临床症状:病鹅生长缓慢,食欲减少,精神委顿,羽毛松乱,口腔内、舌面可见溃疡坏死,吞咽困难。

(3)病理变化:食道膨大部黏膜增厚,表面为灰白色、圆形隆起的溃疡,黏膜表面常有伪膜性斑块和易剥离的坏死物。口腔黏膜上病变呈黄色、豆渣样。

(4)防治

①预防:加强饲养管理,做好鹅舍内外的卫生工作,防止维生素缺乏症的发生。在此病的流行季节,可饮用1:2 000硫酸铜溶液。

②治疗

a. 制霉菌素:按病鹅每千克体重用药20万、30万、60万单位(最好用30万单位),加少量酸牛奶,1日两次,连服10天。

b. 硫酸铜:饮水中加入1:2 000硫酸铜,连喂7天。

9. 鹅球虫病

鹅球虫病是一种常见的家禽原虫病。鸡、鸭、鹅都能感染本病。对幼禽的危害特别严重,暴发时可发生大批死亡。

(1)流行特点:鹅球虫有 15 种,分别属于两个属,即艾美耳属和泰泽属。其中以艾美耳球虫致病力最强,它寄生在肾小管上皮,使肾组织遭到严重破坏。3 周龄至 3 月龄的幼鹅最易感,常呈急性经过,病程 2～3 天,死亡率较高,其余 14 种球虫均寄生于肠道,它们的致病力变化很大,有些球虫种类(如鹅球虫)会引起严重发病;而另一些种类单独感染时,无危害,但混合感染时就会严重致病。

(2)临床症状:急性者在发病后 1～2 天死亡。多数病鹅开始甩头,并有食物从口中甩出,口吐白沫,头颈下垂,站立不稳。腹泻,粪便带血呈红褐色,泄殖腔松弛,周围羽毛被粪便污染。病程长者,食欲减退,继而废绝,精神委顿,缩颈、翅下垂,落群,粪稀或有红色黏液,最后衰竭死亡。

(3)病理变化:患肾球虫病的病鹅,可见肾肿大,由正常的红褐色变为淡黄色或红色,有出血斑和针尖大小的灰白色病灶或条纹,于病灶中也可检出大量的球虫卵囊。胀满的肾小管中含有将要排出的卵囊、崩解的宿主细胞和尿酸盐,使其体积比正常的增大 5～10 倍。肠球虫病可见小肠肿胀,肠黏膜增厚,出血和糜烂。肠腔内充满红褐色的黏稠物,小肠的中段和下段可见到黏膜上有白色结节或糠麸样的伪膜覆盖。取伪膜压片镜检,可发现大量的球虫卵囊。

(4)防治

①预防:应加强卫生管理,鹅舍应保持清洁干燥,定期清除粪便,定期消毒。在小鹅未产生免疫力之前,应避开含有大量卵囊的潮湿地区。

②治疗

a. 氯苯胍按 30mg/kg 混入饲料中服用,连用 4～6 天,可以预防本病暴发。

b. 氨丙琳、球虫净或球痢灵,均按 125mg/kg 浓度混入饲料,连续用药 30～45 天。

c. 磺胺间甲氧嘧啶(SMM)0.1％或 0.02％复方新诺明混入饲料,连用 4～5 天。

d. 痢特灵按 200～400mg/kg,混入饲料或饮水中,连用3～5 天。

10. 鹅矛形剑带绦虫病

鹅矛形剑带绦虫病是由剑带绦虫寄生在鹅肠道内引起的一种寄生虫病,对幼鹅危害较为严重。临诊上表现为腹泻,运动失调,贫血,消瘦,严重感染者可导致死亡。

(1)流行特点:本病分布广泛,多呈地方流行性,鹅、鸭、野鹅、鸽以及其他野生水禽均可感染发病。本病有明显的季节性,一般多发于 4～10 月份,而在冬季和早春较少发生。发病年龄为 15 日龄以上、5 周龄以下的幼鹅。轻度感染通常不表现临床症状,成年鹅感染后,多呈良性经过,成为带虫者。

(2)临床症状:鹅被该虫寄生后,由于受虫体的机械刺激,产生毒素和吸取营养,会使小肠壁受损,引起出血性炎症,严重影响消化功能。如有大量绦虫寄生,还可以堵塞肠道。因此,病鹅症状是食欲不振,生长发育迟缓,贫血,拉稀,消瘦,时常伸颈张口,离群呆立。最后极度贫血瘦弱而死亡。

(3)病理变化:剖检可见有大量虫体堵塞肠道。由于绦虫吸附在肠壁上,肠黏膜发炎受损,水肿出血,并见有灰黄色结节。

(4)防治

①在本病流行区,成年鹅每年春秋两季各驱虫 1 次。幼鹅应在放牧后 20 天内全群驱虫 1 次。驱虫投药后 24 小时内,应把鹅群圈养起来,把粪便收集堆积发酵,以杀死排出的虫体,防止再传播。

②饲喂富含蛋白质和维生素的饲料,以增强鹅体抗病能力。消灭中间宿主。

③幼鹅容易感染绦虫病,应与成年鹅分开饲养。

④应用硫双二氯酚(别丁),剂量为每千克体重 150～200mg,1 次口服效果最好。吡喹酮,用量为每千克体重 10mg,拌入饲料中 1 次喂服。抗蠕敏(丙硫苯咪唑),按每千克体重 20mg 的剂量 1 次投服。

在大群鹅药物驱虫时,常因品种、剂量、体质等的差异,以及对硫双二氯酚的敏感性,有的个体会在喂服半小时内发生站立不稳,口吐白沫,闭眼坐等反应,此时可用阿托品 0.1～0.3ml,肌内或皮下注射即可恢复,个别恢复慢的,可隔 2～4 小时再重复用药 1 次。

11. 鹅嗜眼吸虫病

鹅嗜眼吸虫是寄生在鹅眼结膜上的一种外寄生虫病。能引起鹅(鸡鸭也能感染)的眼结膜、角膜水肿发炎。流行地区的鹅群致病率平均为35%左右。

(1)临床症状:早期病鹅症状不明显,仅见畏光流泪,食欲降低,时有摇头弯颈,用脚搔眼动作。观察鹅眼睛,可见眼睑水肿,眼部见有黄豆大隆起的疱状物,结膜呈网状充血,有出血点。少数严重病鹅可见角膜混浊溃疡,并有黄色块状坏死物突出于眼睑之外。虫体多数吸附于近内眼角瞬膜处。病鹅左右眼内虫体寄生多的有30余条,平均有7~8条。日久可见病鹅精神沉郁,消瘦,种鹅产蛋减少,最后失明,或并发其他疾病死亡。

(2)治疗:应用75%乙醇滴眼。由助手将鹅体及头固定,自己左手固定鹅头,右手用钝头金属细棒或眼科玻璃棒插入眼膜,向内眼角方向拨开瞬膜(俗称"内衣"),用药棉吸干泪液后,立即滴入75%乙醇4~6滴。用此法滴眼驱虫,操作简便,可使病鹅症状很快消失,驱虫率可达100%。

12. 鹅虱

鹅虱是鹅的一种体表寄生虫,体型很小,分为头、胸、腹3部分。鹅虱的全部生活史离不开鹅的体表。鹅虱产的卵常集合成块,黏着在羽毛的基部,依靠鹅的体温孵化,经5~8天变成幼虱,在2~3周内经过几次蜕皮而发育为成虫。传播方式主要是鹅的直接接触传染,一年四季均可发生,冬季较严重。

(1)临床症状:鹅虱啮食鹅的羽毛和皮屑,有的也吸食血液。寄生严重时,鹅奇痒不安,羽毛脱落,食欲不振,产蛋下降,影响母鹅抱窝孵化,甚至衰弱消瘦死亡。

(2)防治

①预防

a. 对新引进的种鹅必须检疫,如发现有鹅虱寄生,应先隔离治疗,愈后才能混群饲养。

b. 在鹅虱流行的养鹅场,栏舍、饲具等应彻底消毒。可用0.5％杀螟松和0.2％敌敌畏合剂,或以0.03％除虫菊酯和0.3％敌敌畏合剂进行喷洒。

②治疗

a. 用0.5％敌百虫粉剂,或0.5％蝇毒磷粉剂喷撒于羽毛中,并轻轻搓揉羽毛使药物均匀分布。

b. 配制0.7％～1％的氟化钠水溶液,将患鹅浸入溶液内几秒钟,把羽毛浸湿。在寒冷季节要选择温暖晴朗的天气进行。各种灭虱药物对虱卵的杀灭效果均不理想,因此经10天需再治疗1次,以杀死新孵化出来的幼虱。用除虫菊酯、溴氰菊酯等药物灭虱效果良好。

13. 中暑

中暑又叫日射病、热衰竭,是鹅在酷暑中易发的疾病。由于鹅的羽毛致密而皮肤又缺乏汗腺,其散热途径主要靠张口呼气、翅膀张开下垂或在水中散热。故在暑天长时间野外放牧,受烈日曝晒,加之缺乏水源而致中暑。

(1)临床症状:病鹅呼吸急迫,张口喘气,翅膀张开下垂,体温升高。步样踉跄,不能站立,严重虚脱,很快发生惊厥而死亡。

(2)防治:在炎热天应选择有树荫和有水源的草地放牧,中午应在树荫下休息。应定时赶鹅到水中浮游。发现有中暑症状时,应立即将病鹅移到通风阴凉的地方,或把病鹅放在凉水中浸一会儿,以降低体温,一般不需药物治疗即可恢复。

14. 有机磷中毒

有机磷农药有剧毒,其种类很多,如敌百虫、敌敌畏、对硫磷、马拉松、乐果等。鹅因误食了施用过有机磷农药的蔬菜、谷类、牧草或被农药污染的塘水,都会发生中毒。

(1)临床症状:病鹅突然停食,精神不安,运动失调,瞳孔明显缩小,流泪,大量流涎,频频摇头和作吞咽动作,肌肉震颤,下痢呼吸困难,体温下降。最后抽搐、昏迷而死。

(2)防治

①预防:应积极做好预防工作,严禁用含有有机磷农药的饲料和饮水喂鹅。及时了解附近牧地的药喷洒情况,在有效期内,不到上述牧地放牧。

②治疗:常用方法如下:

a. 静脉注射解磷定 45mg/(只·次)。

b. 肌内注射硫酸阿托品。成鹅每只每次注射 1~2ml,20分钟后再注射 1 次,以后每半小时口服阿托品 1 片,连服 2~3次,并给以饮水。小鹅体重在 0.5~1kg,口服阿托品 1 片,20 分钟后再服 1 片,以后每半小时服半片,连用 2~3 次。

15. 鹅软脚病

雏鹅易发此病。主要是因饲料中缺乏钙、磷及维生素 D,或长期喂单一饲料和腐败饲料所致。多发生于秋冬季节和潮湿的环境中。

(1)临床症状:病鹅脚软无力,支持不住身体,常伏卧地上。生长缓慢。长骨骨端常增大,特别是跗关节骨质疏松。

（2）防治

①预防：平时注意合理配制日粮中钙、磷的含量及比例。

由于钙磷的吸收代谢依赖于维生素 D 的含量，故日粮中应有足够的维生素 D 供应。阳光照射可以使鹅体合成维生素 D_3。因此，在育雏舍饲条件下，要使鹅多晒太阳。

②治疗：喂鱼肝油和钙片即可。鱼肝油每天两次，每只每次 2～4 滴。用维生素 D_3，每只内服 15 000IU，肌内注射 40 000IU 都有较好的效果。

五、怎样建设家庭鹅舍

(一)鹅舍的建筑

1. 鹅场布局

(1)场址选择:场址临近水源,水面尽量宽阔,水深 1~2m,水质良好,离居民区远一点;土质最好是沙壤土,交通方便,有充足的水、电供应;方向朝南。

(2)规模确定:生产规模依投资能力、饲养条件、技术力量、鹅苗来源和产品销售等确定。只有形成批量生产才能有较大的饲养效益。

(3)总体规划:首先应将用房划分为生产区和行政区、生活区,两区之间相距 50m 以上,设围墙隔开。生产区和行政、生活区不应在一条主导风向上。尽可能使鹅舍坐北向南,以利采光。生产区的鹅舍排列应将种禽舍、雏禽舍安排在主导风向的上风区域,商品肉(蛋)禽舍和禽体解剖与尸体处理场安排在下风向,粪便污物处理场最好设在场外。孵化室最好设置在与禽舍并列风向上,避免互相影响。生产区的主干道应与排污粪道分开,以保证生产区的环境卫生。应修建化粪池排污,可有控制地将禽粪引入鱼塘、纳污肥塘。

(4)放牧类鹅场的设计:要选择在溪渠的弯道处,溪渠岸边的坡度愈平坦愈好,以便于紧接水围设立陆围。离禽舍附近的水稻田中的天然动植物饲料要丰富。放牧类鸭鹅场应包括水围、陆围和棚子三部分。水围由水面和给料场两部分组成,主要供鹅白天休息、避暑、给饲。紧接水围设稍有倾斜的陆地给饲场,地上铺上晒席或塑料薄膜,饲料就投在晒席或塑料薄膜上。水围之上搭棚遮荫和避雨。陆围用竹编的方眼围篱围栏,供鹅过夜用,选择在地势较高而平坦的地方设立,距水围愈近愈好。陆围高约 50cm,面积视禽群大小决定。棚口面对陆围,以便在晚间照看。

2. 鹅场的场址选择

鹅场场址的选择,不但关系到经济效益的高低,而且是成败的关键。必须在养鹅之前做好周密计划,选择最合适的地点建场。选择场址的要求主要有以下六个方面:

(1)草源丰富,牧地开阔:鹅是食草水禽,觅食性强,耐粗饲,能采食并消化大量的青草。据此,鹅场应建在草源丰富的地方,以便利放牧,节省精料,降低生产成本。如在果园中建造鹅场,让鹅在果园里放牧,除草施肥,这是农牧结合的好形式。见表5-1。

表 5-1　肉鹅的适宜饲养密度如下表（只/m²）

类型	1周龄	2周龄	3周龄	4～6周龄	7周龄～上市
小型鹅种	12～15	9～11	6～8	5～6	4.5
中型鹅种	8～10	6～7	5～6	4	3
大型鹅种	6～8	6	4	3	2.5

（2）濒临水面：鹅场附近应有清洁的水源，以河、湖、池塘等流动活水为最佳。水面尽量宽阔，水面积大小可据饲养鹅只的数量来考虑，而且应留有余地，以便将来能扩大发展。水深在1～2m，水面波浪小，最好是缓缓而动的流动水体，远比死水优越。目前少数养鹅户养鹅的池塘面积过小，还没有养几批，水体已严重污染变质，疾病不断发生，这种教训应该记取。如是河流，应避开主航道，以减少应激因素。人工建造的水池，水能经常更换，引进和排放都很方便，水质无污染。

（3）水质良好，水源充足：鹅场附近应绝对没有屠宰场和排污的工厂，还要离居民点远一点（1 000m以上），尽可能在工厂和城镇的上游建场，以保水质干净。附近不应有其他鹅场、鸭场或其他禽场，以减少疾病互相传播。如鹅场建于河涌，则上游不应有其他鹅场，鸭场。同时，水源要充足，即使干旱季节，也不能断水。

（4）地势高燥：建造鹅舍的场地要稍高一点，最好向水面倾斜5°～10°，以利排水。土质应选择透水性好的沙质土。

（5）交通便利：商品鹅场宜选择在城镇近郊，远离村落民居；种鹅场应远离城镇和交通枢纽。交通方便，以便饲料和产品运输，但不能紧靠交通要道，否则不利于防疫卫生，而且环境不安静,影响鹅的休息和产蛋。距电源的位置要近,便于孵化器、饲料加工及照明用电。

(6)坐北朝南:鹅舍要建在水源的北边,把水陆运动场放在鹅舍的南面,使鹅舍的门正对水面向南开放,这种朝向的鹅舍冬暖夏凉,有利于提高鹅的生长和产蛋率;但绝对不能在朝西或朝北的地段建造鹅舍,因这种朝向的房舍,夏季迎西晒太阳,舍内气温高,像蒸笼一样闷热,冬季吃西北风,气温低,鹅耗料多,产蛋少。鹅群上、下水处的斜坡不能过陡,以免鹅只受伤,或造成种母鹅腹内卵泡破裂,引发腹膜炎。

3. 鹅舍设计

雏鹅舍用于饲养 3 周龄以下的雏鹅。雏鹅体温调节能力差,无抵御寒冷侵袭的能力。因此,雏鹅舍应保温、干燥、通风,但无贼风,并设置供暖设备。每舍 $50\sim60m^2$,饲养雏鹅 $500\sim600$ 只。雏鹅舍地面比外面高 $10\sim30cm$,使室内能保持干燥。室内地面可夯实后铺上砖,也可直接用沙土铺地。舍外有运动场,兼作喂料和雏鹅休息场所。舍内与舍外面积之比为 $1:2\sim1:1.5$。运动场紧靠水浴池,池底不宜太深,有一定坡度为好,以便鹅群浴水。

育肥舍可以利用旧房舍改建,也可以用竹木和石棉瓦搭建成能遮风雨的简易棚舍。棚舍搭建成前高后低的敞棚单坡式,前檐高 $1.7\sim2m$,后檐高 $0.3\sim0.4m$,进深 $4\sim5m$。后檐砌墙挡北风,前檐可以不砌砖墙。育肥舍外也应有场地、水面。水面用尼龙网或旧渔网围起。育肥舍内应干燥、平整,便于打扫。育肥舍的建造面积以每平方米栖息 $7\sim9$ 只 70 日龄的中鹅计算。种鹅舍面积以每幢饲养 200～300 只种鹅为限,不宜过大。可采用敞棚式,朝南敞开,朝北砌墙或用竹帘挡住。舍内地面夯实即可,也可铺砖。种鹅舍最大的问题是防老鼠或其他小型兽类偷取种蛋或惊扰鹅群。舍内高出舍外。舍内专设产蛋间,且与休息场所有门相通。产蛋间内光线可稍暗些,有垫草铺成的产蛋窝。最好是用短竹木隔成小间,以免产蛋母鹅相互惊扰。种鹅舍外应有足够大的运动场和水面,水面较大时也应用尼龙网围出一小块。运动场周围最好有树荫,或搭建凉棚。孵化舍可利用旧房舍改建。人工孵化,可不设孵化舍。利用母鹅自然孵化,应专设孵化舍。改建孵化舍的总原则是房舍周围环境安静,冬暖夏凉,空气流通,光线幽暗。

4. 鹅舍的建筑

鹅舍的基本要求是冬暖夏凉,空气流通,光线充足,便于饲养、容易消毒和经济耐用。

鹅舍可分为育雏舍、肉鹅舍、肥育舍、种鹅舍和孵化舍 5 种,它们的具体建筑要求和条件也不一样。

(1)雏鹅舍:3 周龄前的雏鹅由于绒毛稀少,体质娇弱,体温调节能力差,故雏鹅会应以能保温,干燥,通风但无贼风为原则。鹅舍内还应考虑有放置供温设备的地方或设置地火龙。鹅舍内育雏用的有效面积(即净面积)以每座鹅舍可容纳 500～600 只雏鹅为宜。舍内分隔成几个圈栏,每一圈栏面积为 $10～12m^2$,可容纳 3 周龄以内的雏鹅 100 只,故每座鹅舍的有效面积为 50～$60m^2$。鹅舍地面用水泥或三合土制成,以利于冲洗、消毒和防止鼠害。舍内地面应比舍外地面高 20～30cm,以保持舍内干

燥,育雏舍应有一定的采光面积,窗户面积与舍内面积之比为1
:(10~15),窗户下檐与地面的距离为 1~1.2m,鹅会檐高约
1.8~2m,育雏舍前是雏鹅的运动场,亦是晴天无风时的喂料
场,场地应平坦且向外倾斜。由于雏鹅长到一定程度后,舍外活
动时间逐渐增加,且早春季节常有阴雨,舍外场地易遭破坏,所
以尤其应当注意场地的建筑和保养。总的原则是场地必须平
整,略有坡度,一有坑洼,即应填平,夯实,雨过即干。否则雨天
积水,鹅群践踏后泥泞不堪,易引起雏鹅的跌伤,踩伤。运动场
宽度为 3.5~6m,长度与鹅舍长度等齐。运动场外紧接水浴池,
便于鹅群浴水。池底不宜太深,且应有一定的坡度,便于雏鹅浴
水时站立休息。

(2)育肥舍:以放牧为主的肥育鹅可不必专设育肥舍,且由
于育肥期气候已趋温暖,因此,可利用普通旧房舍或用竹木搭成
能遮风雨的简易棚舍即行。这种拥舍应朝向东南,前高后低。
为敞棚单披式,前檐高 1.8m,后檐 0.3~0.4m,进深 4~5m,长
度根据所养鹅群大小而定。用毛竹立柱做横梁。上盖石棉瓦或
水泥瓦。后檐砌砖或打泥墙,墙与后檐齐,以避北风。前檐应有
0.5~0.6m 高的砖墙,4~5m 留一个宽为 1.2m 的缺口,便于鹅
群进出。鹅舍两侧可砌死,也可仅砌与前檐一样高的砖墙。这
种简易育肥舍也应有舍外场地,且与水面相连,便于鹅群入舍休
息前活动及嬉水。为了安全,鹅舍周围可以架设旧渔网。渔网
不应有较大的漏洞。鹅舍也应干燥,平整,便于打扫。以每平方
米栖息 7~8 只 70 日龄的中鹅进行计算。这种鹅舍也可用来饲
养后备鹅。育肥舍设单列式或双列式棚架。鹅舍长轴为东西走
向,长形,高度以人在其间便于管理及打扫为度;南面可采用半

敞式即砌有半墙,也可不砌墙用全敞式。舍内成单列或双列式用竹围成棚栏,栏高 0.6m,竹间距为 5～6cm,以利鹅伸出头来采食饮水。竹围南北两面分设水槽和食槽。水槽高 15cm,宽 20cm。食槽高 25cm,上宽 30cm,下宽 25cm。双列式围栏应在两列间留出通道,食槽则在通道两边。围栏内应隔成小栏,每栏 10～15m²,可容育肥鹅 70～90 只。这种棚舍可用竹棚架高,离地 70cm,棚底竹片之间有 3cm 宽的孔隙,便于漏粪。也可不用棚架,鹅群直接养在地面上,但需每天打扫,常更换垫草,并保持舍内干燥。

(3)种鹅舍:种鹅舍结构见图 5-1,水上运动场排水系统见图 5-2。

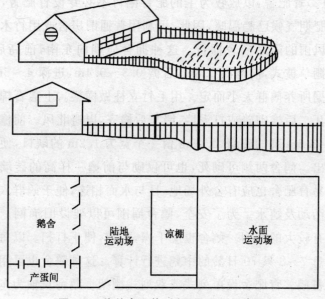

图 5-1　种鹅舍立体、侧面及平面示意图

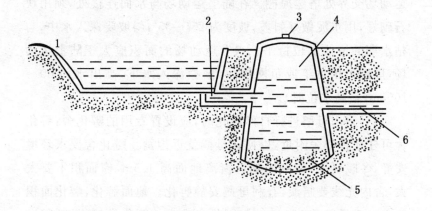

图 5-2　水上运动场排水系统示意图

1.池壁　2.排水口　3.井盖　4.沉淀井　5.沉淀物　6.下水道

要求防寒隔热性能优良,光线充足。种鹅舍以饲养 200～300 只种鹅为限,不宜过大。每平方米可养大型种鹅 2～2.5 只或中小型种鹅 3～3.5 只。舍檐高度 1.8～2m。南面为窗户,窗户面积与舍内地面面积之比为 1:(10～15)。舍内地面为砖地、水泥地或三合土地,以保证无鼠害或其他小型野生动物偷蛋或惊扰鹅群。舍内地面比舍外高 15～20cm,以保证干燥。舍内一角设产蛋间,产蛋间用 60cm 高的竹围围成,地面铺上厚的柔软稻草。竹围上应有 2～3 个门,供母鹅进出下蛋之用,如做个体记录,应设自闭产蛋箱。种鹅舍外须设陆地运动场和水面运动场。陆地运动场的面积应为鹅舍面积的 1.5～2 倍,周围要建围栏或围墙(花墙),一般高 80cm。周围种植树木,既可绿化环境,又可在夏季作凉棚。如无树荫或虽有树荫但不大,可在水陆运动场交界处塔建凉棚。在陆上运动场与水面连接处，须用块石砌好，用水泥做好斜坡，坡度为 25°～35°，斜坡要深入水中，与枯水期的最低水位持平。水上运动场的面积应大于陆上运动场，周围可用竹竿或鱼网围住，围栏深入水下，高出水面 80～100cm（最高水位时）。

（4）采用母鹅进行自然孵化时，应设置专用的孵化舍：孵化舍可建在种鹅舍附近，以便让母鹅就近抱窝。孵化舍要求环境安静，冬暖夏凉，空气流通。窗离地面高 1.5m，窗面积不要太大，舍内光线要暗淡，有利母鹅安静孵化。地面孵化，孵化面积每 100 只母鹅需 12～20m²，孵化舍内安放孵化巢，每只孵鹅占一个孵巢，孵巢在舍内一般沿墙壁平面排立，用木条做架搭成 2 层或 3 层孵化巢，则面积可相应减少。

舍内地面用黏土铺平夯实，切忌有鼠洞，并比舍外高 15～20cm。舍前设有水陆运动场，陆地运动场应设有遮荫棚，以供雨天就巢鹅活动与采食（饮水）之用。

（二）鹅舍的常用设备介绍

养鹅比养鸡简单得多，但一些养鹅的用具还是必需的。

1. 育雏设备

育雏设备主要分为加温育雏设备和自温育雏设备两类。

（1）加温育雏设备：按供温方式不同，分为电热伞、电热线、红外线灯、煤炉、火炕、烟道、暖气管、热水管等。这类设备的优点是：可用于较大规模的育雏，不受季节限制，劳动强度较低。

缺点是育雏费用较高。

①电热育雏伞:用铁皮或纤维板制成伞状,伞内四壁安装电热丝作热源,伞的边长一般为 100cm,高 67cm。

②红外线灯:灯泡规格为 250 瓦。使用时成组连在一起悬挂于离地面 45cm 高处,随日龄增长而提高,灯下设护围。

③烟道:有地下烟道(即地龙)和地上烟道(即火龙)两种。由炉灶、烟道和烟囱 3 部分组成。地上烟道有利于发散热量,地下烟道可保持地面平坦,便于管理。烟道要建在育雏室内,一头砌有炉灶,用煤或柴作燃料,另一头砌有烟囱,烟囱高出屋顶 1m以上,通过烟道把炉灶和烟囱连接起来,把炉温导入烟道内。建造烟道的材料最好用土坯,有利于保温吸热。我国北方农村所用火炕也属于地下烟道式。

④煤炉:多用铁煤炉,安装用木板、纤维板或白铁皮制成保温伞,用排烟管将煤烟导出育雏舍外,以防雏鹅煤气中毒。

(2)自温育雏用具:这就是我国农村群众常用的育雏方法,就是利用塑料薄膜、箩筐或芦席围子作挡风保温设备,依靠鹅自身的热量相互取暖通过覆盖物的开合来进行调温。设备简单,成本低,但技术要求高。

①草窝:用稻草编织而成,一般口径 60cm,高 35cm 左右,每窝关初生雏 15～20 只。草窝可以另外做盖,也可以用麻袋覆盖。草窝既保温,又通气(空气可以缓慢地流通),是理想的自温育雏用具。

②箩筐:分两层套和单层竹筐两种:

a. 两层套筐:用竹篾编织而成,由筐盖、小筐和大筐拼合为套筐。筐盖直径 60cm,高 20cm,用作保温和喂料用。大筐直径

50～55cm,高 40～43cm。小筐的直径略小于大筐,高 18～20cm,套在大筐之上半部。两筐底均铺垫草,筐壁四周用棉絮等保温材料,每层可关初生雏鹅 10 只左右。

b. 单层竹筐:筐底及四周用垫草等保温材料,上面覆盖筐盖或其他保温材料。

③栈条:长 15～20m,高 60～70cm,用竹编成,供围鹅用。栈条一般在春末夏初至秋分这段时间,作鹅自温育雏用具。

2. 食槽和饮水器

食槽和饮水器的种类和形式很多,各地可因地制宜,因陋就简,其大小和高度应根据鹅的日龄而定。饮水器具的面积应以 1 次喂水时可同时有一半的雏鹅饮到水为宜。食槽与饮水器可用木盆(盒)、瓦盆、竹管、铁皮槽(盆)和水泥槽等,周围用竹竿、铁条等围栏,以防鹅进入。40 日龄以上的鹅可不用这类围栏。木制饲槽应适当加以固定,防止碰翻。也可自制水泥饲槽,饲槽长度一般为 50～100cm,上宽 30～40cm,下宽 20～30cm,高 10～20cm,内面应光滑。

每一育雏舍内还应备有多个水桶、水勺、料桶,及专用的菜刀、砧板,以备切青饲料用。

3. 围栏和旧渔网

鹅群放牧时应随身携带竹围或旧渔网。鹅群放牧一定时间后,将围栏或渔网围起,让鹅群休息。

4. 产蛋箱和孵化箱

一般可不设产蛋箱,仅在种鹅舍内一角围出一个产蛋室让母鹅自由进出。育种场和繁殖场需作个体记录时可设立自闭式产蛋箱。天然孵化时应备有孵化箱。但也可用砖垒成孵化巢。孵化箱和孵化巢可做成上宽下小的圆形锅状巢。上直径40~45cm,下直径 20~25cm,高 35~45cm。里面铺上稻草,孵化箱或孵化巢都应高离地面 10~15cm。巢与巢之间应有一定距离,以防止孵鹅打架或偷蛋。

5. 运输鹅或蛋的笼箱

应有一定数量的运输育肥鹅或种鹅的笼子,可用竹子制成,长 80cm,宽 60cm,高 40cm,种鹅场还应有运种蛋和雏鹅的箱子,箱子应保温、牢固。此外,不管是何种鹅舍,均需备足新鲜干燥的稻草以作垫料之用,可在秋收时收购并贮备起来,不使其淋雨霉变。

★实例

建设一饲养 5 000 只母鹅的规模化种鹅场,计算种鹅舍及各类附属用房建筑面积,合理规划设计种鹅场。

(1)确定种鹅饲养量:按公母比例 1∶4 计算,公鹅 1 250只,合计饲养种鹅 6 250 只。

(2)确定每平方米饲养种鹅数等参数:假定饲养鹅品种为中型种鹅,则:

①舍内面积参数:3 只/m²;

②陆地运动场面积参数:2 只/m²;

③水上运动场面积参数:2 只/m²。

(3)确定鹅舍、运动场及其他附房建筑总面积

①鹅舍建筑面积:约 2 100m²;

②陆地运动场面积:3 150m²;

③水上运动场面积:3 150m²;

④休息值班室面积:50m²;

⑤饲料调配间面积:50m²;

⑥工具间面积:50m²。

(4)确定鹅舍建筑栋数及规格:以每栋鹅舍养 1 250 只计算,需要建设鹅舍和附房 5 栋,前后两栋种鹅舍之间间距为 60m,每栋具体建筑规格及其他要求如下。

①种鹅舍和附房:东西长 45m,南北宽 10m,内设 1m 宽的后走廊,东西贯通,每栋入口处的 3m×10m 为休息值班室、饲料调配间、工具间,三间房子有小门相通,休息室南墙开窗户。余下的 42m×10m 为种鹅舍,每 8.4m×10m 为一个单元,共计 5 个单元。鹅舍前檐高 2m,后檐高 1.8m,前墙高 0.8m,后墙高 0.9m,走廊内墙高 0.8m,舍内地面为水泥地面。

②陆地运动场:对应 5 个单元的种鹅舍,东西长 42m,南北宽 15m,630m²,运动场上檐下设料槽一个,长 8m,运动场北高南低向南与水池(水上运动场)连接。

③水上运动场:对应 5 个单元的种鹅舍,东西长 42m,南北宽 15m,630m²,深 0.5m 左右,砖头混凝土结构,靠陆地运动场

一侧设 1m 的斜坡。陆地运动场和水上运动场之间设明沟，以防止污水进入水池。陆地运动场和水上运动场之间设凉棚防暑降温。

六、怎样经营与管理鹅场

（一）养鹅生产经营方向及规模的确定

1. 养鹅生产经营方向及规模确定的依据

近年来，市场的调节能力不断增强，因此，养鹅必须树立竞争观念和市场观念。养殖户应关注国家的有关政策、法规，及时了解国内外，尤其是当地的市场情况，研究市场消费需求，密切注视市场变化，以此来确定鹅场的经营方向。鹅场的经营方向，是指办什么类型的鹅场，即是办专业化鹅场，饲养种鹅或饲养商品鹅，还是办综合性鹅场。这要根据市场需求，兼顾市场价格、生产成本而定，同时要考虑生产上的可行性。

养殖业需要通过规模求效益，适度生产规模便于应用科学的管理方法和先进的饲养技术，合理地配置劳力，降低饲养成本。在确定了经营方向后，根据自家的生产条件，比如资金投入、饲草资源、技术能力、管理水平、交通状况、地理位置等各种因素进行综合分析比较，来确定经营规模。

2. 养鹅生产经营方向及规模的确定

只有经营方向对头，经营规模适度，才能进行养鹅资源与生产的最佳配置，才能取得最佳经济效益。研究与实践证明，用几种有限的资源，从事多种项目生产，在进行资源配置时，可采用"线性规划法"。实质上，就是把要解决的问题转化为线性规划问题，再用线性规划法求出最佳解，即可得出结论。

运用线性规划法确定最佳规模和经营方向时，必须掌握以下资料：一是几种有限资源的供应量；二是利用有限资源能够从事的生产项目，即生产方向有几种；三是某一生产方向的单位产品所要消耗的各种资源数量；四是单位产品的价格、成本及收益。

线性规划模型一般由三部分组成：第一，求解目的。常用最大收益或最小成本，这两类问题都可以用数学形式表达为目标函数；第二，对达到一定生产目的种种约束条件，即取得最佳经济效益或达到最小成本，具有一定限制作用的生产因素；第三，为达到一定生产目的的可供选择的种种生产方向。

利用线性规划方法确定生产方向及最佳规模的步骤如下：

第一，掌握养鹅必要的相关资料，如所需人员，所需设备，鹅苗的价格，饲料价格等；

第二，根据有关限制条件和已知数据，列出相关的约束方程；

第三，运用图解法确定同时满足几个约束方程的区域并在该区域找出可能使目标函数值最大的点；

第四，将找出的可能点代入目标函数，比较函数值大小，获得最佳值；

第五，结合实际情况进行分析，得出结论，确定生产经营方向和最佳规模，并能得到最大的收益。

★养鹅场养殖方向和规模确定实例

已知某农户现有资金 200 000 元，鹅场面积 1 000m²，列表格如下：

项目	资金消耗	占用鹅舍面积	每只鹅收益
种鹅	170 元/只	0.4m²/只	78 元/年
商品鹅	23 元/只	0.4m²/只	40 元/只
最大资源数	200 000 元	1 000m²	

根据上述资料，建立目标函数和约束方程。设种鹅饲养量为 X 只，商品鹅饲养量为 Y 只，Z 为一年所得收益，则目标函数为：$Z=78X+40Y$，约束方程为：

$$170X+23Y \leqslant 200\ 000 \qquad ①$$
$$0.4X+0.4Y \leqslant 1\ 000 \qquad ②$$
$$X \geqslant 0 \qquad ③$$
$$Y \geqslant 0 \qquad ④$$

下面运用图解法解出使目标函数 $Z=78X+40Y$ 为最大时的 X、Y 值。

建立直角坐标系，如图 6-1，将方程①取等号有：

$$170X+23 \times 4Y=200\ 000 \qquad ⑤$$

令 $X=0$，得 $Y=2\ 173.9$，得到点 $A(0, 2\ 173.9)$

令 $Y=0$，得 $X=1\,176.5$，得到点 $B(1\,176.5,0)$

根据两点作出一条直线，如图，则在此直线左下方的区域就是满足约束方程①解的区域；

同理，将约束方程②取等号得：

$0.4X+0.4Y=1\,000$ ⑥

令 $X=0$，得 $Y=2\,500$，得到点 $C(0,2\,500)$

令 $Y=0$，得 $X=2\,500$，得到点 $D(2\,500,0)$

根据两点作出一条直线，如图 6-1，则在此直线左下方区域就是满足约束方程②的区域；

同时满足①、②、③、④的区域就是 OAB 区域。即 X、Y 在 OAB 范围内取值。

要使目标函数值最大，只有取三角形顶点上的值，O 点是未生产状态，A、B 点是生产状态，将 A、B 点代入函数方程：$Z=78X+40Y$ 中，比较其大小：

$A(0,2\,174)$（X、Y 代表鹅的数量，取整数）

$Z=78\times0+40\times2\,174=86\,960$

$B(1\,177,0)$（X、Y 代表鹅的数量，取整数）

$Z=78\times1\,177+40\times0=91\,806$

比较两点的 Z 值可知，B 点使目标函数 Z 值最大。即养 $1\,177$ 只种鹅，而不养商品鹅，该厂收益最大。按公母比例 1：6 计，则公鹅为 167 只，母鹅为 $1\,010$ 只。

（二）鹅及鹅产品的流通及经营管理

现代企业经营管理有一整套理论和方法，养鹅企业的生产

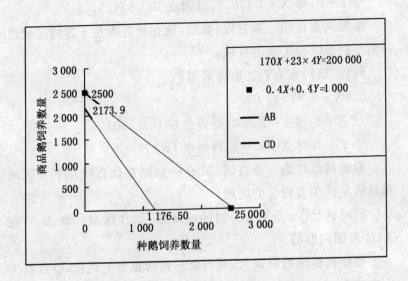

图 6-1　线性规划法图示

实践活动也有其自己的运行规律,家庭鹅场也不例外。鹅场的决策和经营管理水平直接影响鹅的发展,甚至生存。鹅场管理者应了解和掌握现代企业的经营管理的基本理论和技术,为鹅场建立一套行之有效的管理制度,从而在竞争中立于不败之地。

1. 经营管理职能和管理原则

(1)管理的对象和职能

①管理对象:管理就是为了达到一定的经营目标,对经营要素的结合与经营过程的运转进行决策、计划、组织、指挥、协调、控制等工作。

一般来说,管理的对象包括如下几个方面:

a. 人力管理：指对鹅场的生产人员、管理人员和技术人员的管理。

b. 物力管理：指对生产资料的管理，即对鹅场建筑、设备、原料、材料、仪器、能源和自然资源等的管理。

c. 财务管理：努力开辟财源，正确聚集财力，合理分配和使用财力，提高经济效益。

d. 信息管理：从预测开始，经过决策，拟订计划，组织实施，进行控制等过程都贯穿着信息流。管理者必须加强信息的有效管理，使之成为得心应手的工具。

e. 技术管理：对鹅场的规划、育种、繁殖、饲养、环境控制、疫病防治、产品加工、污物处理等一切生产技术活动进行计划、组织和控制。

②管理职能：是管理原则和管理方法的体现。目前养鹅场的管理职能主要包括如下几点：

a. 决策：决策正确与否，决定鹅场的成败。对鹅场生产经营中重大问题的决策，叫战略决策；对一些具体业务、办法的决策，叫战术决策。

b. 计划：是决策的具体化。鹅要根据决策目标、市场需要，编制长、短期计划，以指导鹅场各项生产经营活动。

c. 组织：是按照计划，将鹅场经营要素，从生产的分工协作，从上下左右关系，从时空联结上合理地组织起来，使人、财、物得到最合理的使用。

d. 协调：协调是对鹅场生产经营活动实行统一指挥和调度，协调内部各部门、各生产环节之间的关系，克服生产经营中不平衡、不协调的现象，保证鹅场生产经营的顺利进行。

　　e.控制:控制是指对鹅场的决策目标,通过信息反馈系统,定期进行检查、督促,发现问题并及时采取措施加以解决。鹅场还要制订各种规章制度,建立责任制,实行经济核算,提高经济效益。

　　f.激励:激励是对鹅场成员的工作和劳动进行鼓励和促进,根据他们对鹅场贡献的大小,及时进行表扬和奖励。

　　(2)经营与管理的关系:所谓经营,是指在一定的社会、经济和自然条件下,为实现一定目标,对企业的各种经营要素和产、供、销经营环节进行合理分配和组合,并以获得经营效益为目的的全部经济活动过程。经营的前提是商品生产和商品交换,经营的手段是对人、财、物、技术、管理等各种要素以及产供销各个环节进行合理分配。经营的目的是获得最佳经济效益。

　　经营与管理是相互区别而又相互联系的两个概念。"经营"是指为实现一定目的而进行经济活动所做的择优和决策;"管理"则是控制这种活动并使其取得最好的效果。"经营"是确定方向、目标性的经济活动,管理则是执行性的活动。"经营"面向社会,面向市场,与社会再生产紧密联系;管理则是面向企业内部人与人、人与物的联系。管理是经营的基础和手段,而经营通过合理的管理达到其预定的目标。假若只重视经营而忽视管理,这种经营得不到最好的效果;假若只重视管理而忽视经营,则是一种无目的管理。

　　(3)企业经营管理原则:熟练掌握和运用经营管理的基本原则,对于养鹅企业来说是至关重要的。一般说来,鹅场经营管理应遵循下列几个方面的原则。

　　①总体规划原则:鹅场规划要正确贯彻执行国家、行业、部

门的有关方针、政策,服从于社会、经济发展战略规划的总体部
署。只有贯彻规划原则,鹅场才能实现以尽可能少的投入获得
尽可能多的产出的目标。

②微观与宏观相统一原则:企业的兴建、改造和扩建,不仅
要涉及建筑材料和原料、产品的生产和供应,而且与为企业提供
设备的生产资料部门和消费市场有关,并且对生态环境也有重
要的影响。也就是说鹅场本身的微观经济效果同整个国民经济
的宏观效果、生态环境效益都有密切的联系。因此,企业管理一
定要尽可能做到微观经济效果与宏观经济效果的统一。一旦发
生矛盾,微观经济效果应服从宏观经济效果的需要。当鹅场的
微观经济效果同社会效益、生态效益和宏观经济效果发生矛盾
时,如果现有技术经济条件许可,则要修改原有技术方案;如果
现有技术经济条件所不许可而所建企业的产品又是国内外市场
的紧俏货,或换汇率高的产品,则企业的微观与宏观经济效益要
放在主要地位,社会和生态效益放在次要地位考虑;对于那些对
生态环境污染严重的工艺技术方案,则要找到可靠的防污染措
施以后才能实施。

③反馈原则:所谓"反馈",是指输入转换系统的信号,经过
转换系统变换以后输出,同时把其作用的结果返送回来,对输入
的信号再发生影响,从而起到控制作用,达到预期的目的。反馈
应用到企业经营管理上,就是将经营活动的结果反过来告诉前
面有关部门的活动过程。

反馈在企业的经营管理系统中具有极其重要的地位。反馈
是经营者对客观变化情况做出正确反应,是企业制定自己的经
营方针、目标、指导经营活动的重要依据。

　　反馈的核心是信息。养鹅企业从生产型转向经营型后,其内部、外部以及与整个社会之间的信息流大为增加。信息作为体现内部和外部之间在管理上的所有关系,成为从事经营活动必不可少的条件。因此,要求养鹅企业具有一个有效的信息反馈系统,以便把生产计划的执行情况,生产过程中所产生的各种问题,产品的销售情况和用户的反映等信息,及时而准确地反馈给企业的有关管理人员,以避免生产经营活动的盲目性,并取得企业经营活动的最佳效果。

　　④选优原则:所谓选优原则,就是在多种行动方案中选取效果最理想的方案付诸实施。为了确定最佳方案,必须运用定量和定性相结合的技术经济分析方法。在程度上首先要进行定量分析,而后才宜进行定性分析。企业选优的核心就在于从定量分析入手,对各种数据进行收集研究,经过加工整理,去伪存真,分层归类,系统排列,然后进行技术比较和经济效果分析,最后进行总体权衡,并做出合理判断。

　　选优原则在企业经营中的具体应用就是科学的经营决策。决策贯穿于管理的各种方面,是所有管理职能的中心。要做出科学的决策,决策行为本身就要科学。为此,决策顺序要经历搜集情报信息、拟订方案、选定方案等阶段。选择理想方案之后,还应进行局部试验,成功之后再进行推广。

　　⑤激励原则:所谓激励原则,就是通过科学的方法激发人的内在潜力,开发人的能力,充分发挥人的积极性和创造性。职工的积极性和创造性是企业前进的"永久动机",因此,激励原则在养鹅企业的经营管理中占有十分重要的位置。

　　⑥组织原则:这里的所谓组织,是指人们为达到共同目标而

让全体参加者进行通力协作的形式。它是为最有效地实现经营目标所建立的机构,并对组织机构中的全体人员指定职位、明确职责、交流信息;协调其工作,在实现既定目标中获得高效率。

一个企业,其经营好坏,效率高低,甚至事业成败,往往与其组织机构的设置有直接的联系。如果组织机构设置得不好,可能产生各种麻烦。比如,各个部门之间因工作对象和内容相互重叠而相互牵制,甚至相互抵消。也可能有些工作没有人做,陷于停顿状态,而另一些人则同样不合理地过于忙碌等。所以,现代养鹅企业领导者首先要根据自身的目标、人力、物力、生产状况等,把整个企业组成协调的、高效能的单位。在此前提下,各个部门的负责人要把他所管辖的部门,组织成隶属于整个企业的局部单位,又能在本部门内部的各个人和各项工作之间形成协调一致的关系。这样,企业的兴旺发达就有了组织上的保证。

(4)经营者与管理者应具备的能力

①掌握国家方针、政策的能力:由于我国经济体制已走向市场经济,除了懂得有关法律外,还要了解国家当前的方针、政策,实际上是善于分析形势。一些养鹅企业家的兴起都是利用了当前有利形势,即所谓抓住"机遇"。

②具有市场预测应变的能力:市场经济是市场决定生产,而市场又具有多样性和变化性,谁能预测和应变谁就能占领市场。

③社会关系协调能力:经营一个养鹅场涉及原料采购、成品销售、售后服务等多个环节,一个成功的企业家要有良好的社会关系协调能力。

④筹集资金的能力:工厂化养鹅业是高投入高产出产业,需要大量资金。经营者应有能力筹集到无息或低息的贷款、国家

拨款、外资、群众集资。对筹集到的资金使用合理,减少浪费,及时转化为生产能力,增加产出和利润。

⑤根据自身优势确定生产方向、生产规模的能力。

⑥确定采用什么技术的能力:目前我国工厂化养鹅生产在建场时有三种选择:高度机械化、自动化,设备全套引进,投资高;简易节能型,占地较多;高密度,机械化程度低但鹅舍环境易控制,采用高密度降低每只鹅位的投资。各种技术都要有一定条件,采用何种技术效益最好需要有一定的鉴别能力。

⑦制定近期、中期、长期目标和实施措施的能力:近期目标必须切实可行,一定完成,从而鼓舞士气,树立威信。

⑧善于处理好人际关系和善于调动下属积极性的能力。

⑨鉴定障碍或问题并予以解决的能力:养鹅场经常产生的问题有设备方面的问题、鹅群方面的问题、人员方面的问题,所有问题应立即搞清并予以解决。

⑩领导者要有敬业精神:一个场的场长要在岗位上,上班时要在,其他时间场长的控制也在发挥作用。许多办得好的鹅场,场长每周只回城(家)一两个晚上,保证场部每天都有场级干部值班,鹅场每个岗位随时都会有场长检查。人是需要监督的,私营养鹅场的场主真正做到以场为家,每死一只鹅每增加一笔收入对他都有刺激。而公有制的场长没有这种切肤之感,靠的是事业心和荣誉感。

总之,企业的兴衰决定于经营者和管理者。可以把经营者和管理者比喻为企业的董事长和总经理。董事长及董事会决定大政方针,具体执行是总经理。两者的能力要求各有侧重。在市场经济休制下,将会造就一大批企业家,他们可能没有上过农业大学,但是他们能够领导一个大的养鹅企业。

(5)管理体系:管理体系是在企业的经营决策确定后,建立起来的、负责落实经营方针、生产计划,从而确保生产正常进行的一个体系。管理体系中应包括下列管理部门:

①生产部:负责全场的一切生产工作。

②技术部:负责全场技术管理和对外技术服务。

③销售部:负责推销企业产品,并开展售后服务。

④后勤部:负责基建维修、车辆运输管理、物资采购等。

⑤行政部:负责接待与行政管理,包括党政、办公、保卫等。

⑥财务部:负责财务管理与核算。

要搞好养鹅场的经营管理,首先须加强对企业管理部门和管理人员的管理,实行满负荷工作量。

2. 养鹅企业新项目的开发

企业确定经营项目,一般要考虑:①要优先满足市场与消费者需求;②要有利于企业获得较好的利润和收益;③要有一二项能做到在较长时间内稳定生产和经营,并能发展成为自己的"骨干"或"拳头"项目;④要能充分利用和发挥自己的资源优势和技术优势;⑤在市场上要有较强的竞争能力;⑥要能保护资源,有利于生态平衡。

(1)企业新项目的选择

①市场导向:企业要根据市场需要确定自己的经营方向和经营项目,要创造条件,逐渐形成新的产品门类和各种系列产品。为了准确把握市场,就要在市场调查和预测的基础上进行"市场细分化"。市场细分化,又叫市场区划化或市场分隔化,即

根据不同消费者的需要,将一个大市场划分为许多小市场。市场细分化对养鹅企业有着重要意义。通过市场细分化,可以发现一个未被占领的市场面,从而可以初步找到一个产品方向。

②资源导向:资源导向就是企业根据自己的资源情况,因地制宜的确定经营方向和经营项目。

按资源定向,其主要工作是弄清自己现有哪些资源,这些资源哪些利用了,哪些还未利用;哪些是自己的优势,哪些是自己的劣势,从外界还可以获得哪些资源以及把这些资源利用起来能开发哪些生产和经营项目等。按资源定向最重要的是做好物质、劳力、生物资源运筹,以便对产品进行多层次加工、梯级利用,化废为宝,多次增殖,扩大效益。

③技术导向:技术是指根据生产实践经验和自然科学原理,围绕特别方面而总结和积累起来的解决问题的各种技能,及其相应的生产工具、生产工艺、作业程序和方法等。科学技术是生产力。世界上日益尖锐的经济竞争,归根到底是技术上的竞争。在不少情况下有了技术就可以去开拓和占领市场。国外许多资源条件并不是好的地方,如日本,但经济发展很快。其主要原因是具有技术优势。技术导向的主要工作是做好技术分析。运用技术导向来作为本场决定经营方向的技术大体有如下几类:一是本企业所有的"高人一等"的技术;二是可以生产出独特的高、精、尖产品的技术;三是就近推广,经济效益显著,生产出的产品不缺销路的技术;四是聘请技术人才到本部门,并能提供可以开发新项目的技术等。

(2)企业新上项目可行性分析:在探索阶段通过技术、市场、资源方面的调查分析,初步确定的经营方向是从潜力方面去整理思路和发现线索,在作为正式的经营项目开发前,还应把技术、市场、资源及环境条件综合起来进行研究,这就是常说的可行性研究。进行可行性研究,大体包括以下工作:

①政策对照:主要是看要准备开发的项目在资源利用上、对环境的影响、经营方式、方法等方面是否符合国家、地方、部门的政策法令等。

②市场分析:主要看产品目前是长线还是短线。从发展趋势来看,市场前景如何,价格是否合理,运输、销售渠道是否畅通,竞争能力如何等。

③能力评价:看企业本身的经营管理能力能否适应,所需要的技术力量是否具备,固定资金、流动资金有没有保证,燃料、动力、原料和其他资源能否稳定供应等。

④经济效果评价:在进行成本和利润预测基础上,估计新项目对经营者的利益份额,对国家的贡献多大等。如果政策允许,市场为短线,需求量是上升趋势,各项能力能适应,经济效果最好,即可满意地确定为新开发的经营项目;如果政策允许,有经济效果,但在能力和市场的某些方面不那么理想,就要进一步考虑是不是根本性的,有没有补救办法。如果不是根本性的,通过一定补救措施可以解决,仍可确定为开发项目;如果违反政策规定,或者根本没有经济效益,其他条件再好也不应确定为开发项目。

3. 市场分析

市场分析是企业经营与管理决策的基础。市场是一切商品买卖行为或商品交换关系的总和,各种商品供应和需求的关系、矛盾、变化和发展趋势都通过市场得到集中反映。对相关市场的研究，主要是对市场需要的研究，也就是对用户的研究，对产品供应的研究，对竞争对手的研究等。关于市场分析要研究的基本要素如图6-2所示。

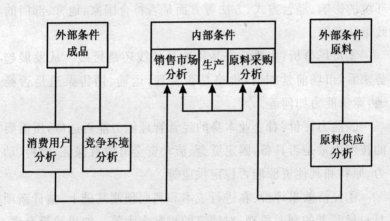

图6-2　市场分析的基本要素及其关系

（1）消费者需求分析：企业与消费者的联系，是由市场这根纽带联结起来的。养鹅企业对消费者需求的研究，主要是研究本场产品怎样满足用户的需求；分析影响消费者需求的因素；预测未来市场的需求方向和可能程度。

①影响消费者需求的因素：消费者的需求是由生理的、心理的和社会的相互影响的复杂动机产生的。消费者对产品的需求经常能反映他们对产品质量和产品外观的不同爱好，更基本的是对营养需要和食欲的满足。概括地说，影响消费者需求的因素主要是：

a. 产品的价格：通常情况下，价格上涨，消费者的需求量就减少;价格下跌,消费者的需求量就增加。

b. 替代品的价格:相关的产品往往是可以互相替代的。例如,作为营养食物,鹅肉、猪肉、牛肉是可以替代的。猪肉涨价了,会增加消费者对鹅肉的需求量。

c. 消费者的爱好:例如,中国南方的消费者喜欢吃鹅肉,而北方吃鹅较少。

d. 消费者的个人收入:一般来说,个人收入增加,对产品的需求量增加。

②在上述分析的基础上,企业应尽量从便利消费者出发,缩短消费者购物时间,不断改进服务质量,养鹅企业考虑的内容主要有:a. 产品品种(鹅蛋、肉等);b. 产品质量;c. 信守合同,按时供货(鹅蛋、鹅苗等);d. 送货上门;e. 配套服务(如咨询、售后服务等)等。

(2)竞争对手分析:有商品生产就必然存在竞争。用户对各厂家的产品购买是"货比三家,择优选购"。为此,企业要在竞争中求生存,就要进行竞争对手的调查,并采取相应的竞争策略。

①市场竞争的内容

a. 商品竞争:这是市场竞争的首要内容,商品竞争包括商品的质量、数量、品种、规模、规格、包装等方面的竞争,其中质量竞争则是关键,因此,企业首先应该在提高产品质量上狠下功夫。

b. 价格竞争:企业通过改善经营管理,挖掘潜力,增产节约,不断降低成本,以取得价格上的优势。

c. 时间竞争:"时间就是金钱",企业必须掌握时机,不论是生产、采购和供应商品,都要有时间观念。在市场竞争中,谁能在消费者最需要的时候,以最快的速度提供商品和技术,谁就能取得竞争优势。

d. 商品信誉竞争:这是立足和取得发展的基本条件。经营同类商品的企业,由于在顾客中的信誉不同,其经营效果完全不一样。因此,任何企业要讲信誉,以信誉求发展。而要增强企业信誉,就要树立一切为了用户的思想,为用户提供全面的服务。

e. 宣传竞争:所谓宣传竞争,就是向广大顾客传播本企业的产品信息,使消费者了解产品的性能、价格等,从而引起其购买欲望。

②市场竞争对手的调查:竞争对手是指那些生产与本企业相同、相似或可替代产品的企业。为了判断本企业在竞争中所处的地位,正确估计自己的竞争实力,必须对竞争对手进行调查。

a. 资金拥有情况的调查。

b. 企业规模的调查:作为规模较小的企业,在与大企业竞争中要小心从事。

c. 技术水平调整:即认真分析对手的技术优势和劣势。

d. 产品情况的调查。

e. 市场占有率的调查:通过调查,如果某个企业在某一市场上市场占有率很高,本企业很低,就应考虑转移市场或转移产品。

f. 潜在竞争对手的调查。

③企业竞争策略的选择:竞争策略是如何对付竞争对手以争取更大销售和实现经营目标的策略。可供企业选择的竞争策略有如下几种:

a. 靠创新取胜的策略：对自己的产品要进行更新换代，并以此作为自己的竞争策略之一。

b. 靠提高产品质量取胜的策略：养鹅企业经营的产品主要是活鹅、鹅蛋和鹅肉，时间和季节性很强，又是鲜活、易腐的商品，更应争时间、抢速度，掌握时机。因此，企业要努力做到适应市场快、转产快、投产快、上市快、销售快，以快速取胜。

c. 靠价廉物美取胜的策略。

d. 靠信誉取胜的策略：信誉是企业的无形资产，企业要树立信誉，除了保证产品质量外，还必须严格遵守合同，信守交货日期，并经常认真、细致地做好为用户服务的工作。

e. 靠优势取胜的策略：要善于利用自己的优势，扬长避短，用最少的代价取得最好的经济效益。

f. 靠联合取胜的策略：企业资金短缺，技术设备落后，更要注意走联合的道路。要打破地区、行业各部门的界限，按市场、资金、技术、设备、劳动、场地等不同情况，与其他有关企业进行联合，通过联合创造出新的生产力。

4. 市场调查和预测方法及营销策略

（1）市场调查方法：市场调查方法很多。养鹅企业要根据自己的实际，选择一些简便易行的常用方法。

①按调查方式分类

a. 查询法：查询法是根据已经拟定的调查事项，通过面谈、书面或电话等，向被调查者（用户）提出询问、征求意见的办法来搜集所需的市场资料。

b. 观察法：观察法是指在被调查者不知道的情况下，由调查人员从旁观察记录被调查者的行为或反应,以取得调查资料的方法。

c. 样品征询法:这种调查方式的做法是,通过试销、展销、选样定货、看样定货,一面推销商品,一面征询意见。这种方法,由于产销直接见面,信息反应快,数据比较准,应用范围广,有较强的生命力。

d. 表格调查法:这种方法是采用一定的调查表,或问卷形式来收集资料的方法。

②按调查的范围分类

a. 全面调查法:这种调查的好处,就是能搜集到比较全面、细致、精确的资料,缺点是费时、费事、费力,不宜经常采用,一般只适宜于品种简单、使用范围有限的商品;或者是新近投入市场试销、试用的新产品。

b. 重点调查法:所谓重点调查法,就是通过对一些重点单位的调查,来达到基本了解全局情况的目的。

c. 典型市场调查法:所谓典型市场调查,就是通过对具有代表性市场的调查,以达到全面了解某一方面问题的目的。

d. 间接市场调查法:这是一种非全面的调查方法。一般是利用其他有关部门提供的调查积累的资料,如工业、农业的生产情况、货币投放与回笼数据、社会购买力的增长、人口变动等情况。

e. 抽样调查法:市场预测定量方法除上述几种简单常用方法以外,还有很多其他方法,这里不一一列举。

(2)市场营销策略

鹅产品市场营销策略就是研究鹅产品如何有效地进入市

场,扩大销售并获得较好的经济效益。良好的营销策略,有利于刺激、启发和强化消费者的购买动机,促其产生购买产品的行为。

①市场经营的调查:研究鹅场在选择营销策略前,首先要进行市场经营的调查研究。

a. 第一手资料的收集

观察法:市场调查研究人员对某一具体事物进行直接观察并实地记录。如对盐水鹅(肉用仔鹅经腌制而成)的销售情况的实地观察和记录等。用这种方法取得的资料一般较客观,缺点是有时只能观察事物的表面现象,难于看到因果关系。

询问法:选择一部分有代表性的人、物作为调查对象,通过访问或填写询问表征询意见。询问法是分析消费者购买行为和意向的最好方法,但调查研究人员技术熟练程度和被调查人员诚实与否对资料的可靠性影响很大,且所需费用较高,时间也较长。

实验法:在一定的小范围市场内,对某一购买行为进行实验性观察。这是了解因果关系的一种重要方法。如新产品市场调查常用的"构思测验"法就属于这一类。因为新产品是以前没有上市过的产品,企业没有历史销售记录可查,也无法了解市场上实际销售情况,这种产品是否真正受到消费者欢迎,还有待于检验。构思测验法就是技术人员先构思出一种产品,企业选择一个有代表性的消费者小组并向其介绍新产品情况,如果大多数人认为该产品不好,企业就放弃这一构思;如果大多数人认为该产品不错,企业就可进行试产试销。消费者接受后再正式投产。

b. 第二手资料的收集

本企业的销售记录:对销售记录进行归类整理,了解消费者购买本企业鹅产品的情况。

行业销售记录:弄清同行业各企业的销售情况,有利于企业间的相互比较。

政府有关部门发布的公报、调查报告和有关统计资料。

有关的展销会和博览会提供的信息资料。

②市场营销策略:市场调查研究后即可进入营销决策阶段(有的还要进行市场预测)。主要的市场营销策略有:

a. 市场销售策略

市场分割策略:根据鹅产品用途、销售对象或地域对市场进行分类,按其不同需求,采取不同推销策略。例如,有些地方爱吃盐水鹅;有些地方爱吃白斩鹅;有些人爱吃烤鹅,有些人爱吃烧鹅。可根据不同消费者、不同地区的消费习惯,分别供应,以满足不同消费者的需要。

市场定位策略:市场经过分割后,企业对不同市场面的不同需求进行分析,选择目标,占领市场。例如,某地有两个鹅场相互竞争某城市鹅肉市场,其中1个鹅场了解到市民爱吃盐水鹅,并根据这一目标将肉用仔鹅加工成盐水鹅批发出售,很快占领了这一市场。

市场定时策略:有些畜产品的销售,具有很强的时间性,正确选择有利时机使产品进入市场.可以大大提高产品的销售量。例如,节日期间肉用仔鹅的销售量要比平时大得多。

市场经营组合策略:选择整体销售方式,称市场经营组合。就是采取一整套综合的销售方法,使产品顺利进入市场。如从产品、价格、销售渠道、广告方式、产品包装等各个方面进行综合研究、分析，采取有效手段，扩大产品销路。

b. 市场竞争策略

以新取胜：企业生产出独有的新畜种、新品种和新加工产品吸引市场。在畜牧生产中，可以引进本地区少有的新良种，或依靠自身的技术优势选育出新品种，向社会提供生产性能好的新品种畜禽；在加工产品中，经常推出新食品或方便群众的分割畜产品，并讲究包装，商标新颖。这样，就能提高产品的竞争能力。

以快取胜：大多数畜产品时效性很强，要抓住有利时机，及时而迅速地供应市场，扩大市场占有率，增加销售数量。

以优取胜：提高产品质量，是增强竞争能力的有力手段。一般来说，产品质量越好，竞争能力越强；因此，企业必须把好产品质量关，把优质畜产品投放市场。

以廉取胜：物美、价廉、可靠是古今中外消费者共同的心理要求。畜产品单有好的质量和符合卫生要求还不够，还必须有比较低廉的价格，才能在竞争中立于不败之地。因此，鹅场在提高产品质量的同时，要不断降低生产成本，使产品物美、价廉、可靠。

以信取胜：企业要改进服务质量，遵守职业道德，诚实经营，树立良好的企业信誉和产品信誉，这样才能吸引更多的消费者购买产品。

c. 产品价格策略：价格定的是否恰当，对产品销路影响很大。价格定得过高，消费者不愿购买，产品难以销售；价格定的过低，又影响企业的经济效益。因此，企业必须研究"产品价格策略"，定出生产者、经营者和消费者都能接受的合理价格。但是，价格的制定是比较复杂的。通常，企业可参照市场上同类产品价格来定价。由于畜产品时效性很强,企业必须根据销售情况和市场上同类产品的价格灵活升降其价格。对于新产品价格的制定,一般可采取"先高后低"的策略,即在新产品刚进入市场时,实行高价,待竞争产品纷纷涌入市场时,再视销售情况的变化而大胆降价。这样,就能使产品始终处于有利的竞争地位。

d. 市场促销策略:促销是企业为赢得顾客而进行的各种活动。它包括两方面的内容:一是向人们提供畜产品方面的信息;二是说服、促进和影响人们的购买行为。市场促销策略主要有:

广告:广告是通过一定的传播媒介,有计划地向公众宣传介绍商品,报道服务内容,以树立企业形象,开拓市场,促进商品销售的手段。它是市场促销活动的重要环节之一。通过广告宣传,可以使消费者获得有关商品及服务的信息,增强对此商品的感觉与认识;通过广告宣传,可以引起消费者的消费欲望,诱发他们的购买欲望。广告媒介体的种类很多,除了常见的报纸、杂志、广播和电视外,还有招贴、说明书、广告牌、画廊、包装纸、展销会、橱窗、表演和交通运输工具内外的广告画等。它们的作用与宣传效果各有千秋。

包装:产品包装是产品运输和销售不可缺少的重要条件。出色的包装不仅起保护产品、方便贮运、装饰美化的作用,还是取悦顾客、刺激消费者购买欲望和促成其购买行为的重要因素之一。

商标:商标是文字图案相结合的产品说明,是商品的标记,也是识别商品的标志。商标在商品流通中起着重要作用:一是它代表某商品的特征,通过商标上简明的文字和图案,使人们易于识别这种商品,并与其他商品或其他企业生产的同种商品相区别;二是它能维护企业的权益和声誉。商标一经注册就受到国家法律的保护,其他企业不能冒用;三是起广告宣传和吸引顾客的作用。商标通过较高的艺术设计可美化商品,宣传商品的质量和效用,启发消费者的购买动机。

商标的设计要体现上述的功用,必须做到以下几点:

●商标文字要简练、生动、形象、鲜明,使人们易于识别和记忆,以指导消费。

●造型要优美、别致和富于新意,以增强消费者的偏爱和坚定性,便于产品扩大销售。

●要富有哲理、情趣和知识,能诱发购买动机。

●要表达出名副其实和独特性。商标应与商品实体的性能特点相符,并与同类商品或其他商品的商标相区别。

访销法:企业组织访销队,走访居民、工矿企业和顾客,了解需要,征求意见,咨询导购,预订商品,代购代送等,扩大商品的销售量。

5. 经济管理

(1)劳动管理:劳动管理的目的是提高劳动效率。养鹅场的劳动管理主要包括以下三方面内容:

①劳动组织:劳动组织与生产规模有密切关系,规模愈大,分组管理愈显得重要,因而多数养鹅场都成立作业组,如育雏组、育成组、种鹅饲养组、孵化组等。各组都有固定的技术人员、管理人员和工人。

②劳动力的合理使用:为充分调动饲养人员、技术人员和管理人员的积极性和创造性,必须根据各场生产情况及有关人员

特点,合理安排和使用劳动力。

③劳动定额:劳动定额通常指一个青年劳动力在正常生产条件下,一个工作日所能完成的工作量。养鹅场应测定饲养员每天各项工作的操作时间,合理制定劳动定额。影响劳动定额的因素有以下几个方面:

a. 集约化程度:集约化程度影响劳动效率;

b. 机械化程度:机械化减轻了饲养员的劳动强度,因此可以提高劳动定额;

c. 管理因素:管理严格效率高;

d. 所有制因素:私有制、三资企业注重劳动效率;

e. 地区因素:发达地区效率高。

(2)成本管理:产品成本是以货币形式表现的,包括已耗费的生产资料的价值和劳动者为自己的必要劳动创造的价值。产品成本综合地反映了鹅场的经营状况和管理水平。

①商品生产必须重视成本:生产成本是衡量生产活动最重要的经济尺度。它反映了生产设备的利用程度、劳动组织的合理性、饲养管理技术的好坏、鹅种生产性能潜力的发挥程度,说明了养鹅场的经营管理水平。商品生产就要千方百计降低生产成本,以低廉的价格参与市场竞争。

②成本费用分析:按照国家颁布的企业财务通则规定,成本费用是指企业在生产经营过程中发生的各种耗费,包括直接材料、直接工资、制造费用、进货原价、进货费用、业务支出、销售(货)费用、管理费用、财务费用等。而在会计处理上,把企业的直接材料,直接工资、制造费用、进货原价、进货费用和业务支出,直接计入成本。企业发生的销售(货)费用、管理费用和财务

费用,直接计入当期损益。

销售(货)费用包括销售活动中所发生的由企业负担的运输费、装卸费、包装费、保险费、差旅费、广告费以及专设的销售机构人员工资和其他经费等。

管理费用包括由企业统一负担的工会经费、咨询费、诉讼费、房产税、技术转让费及无形资产摊销、职工教育经费、研究开发费、提取的职工福利基金和坏账准备金等。

财务费用包括企业经营期发生的利息净支出、汇兑净损失、银行手续费及因筹集资金而发生的其他费用。贷款的利息也包括在内。把销售费用、管理费用和财务费用不直接计入成本,这是我国为了使企业财务管理与国际接轨而采取的改革措施。不管如何计算,企业的总利润都是总收入减去总支出。

③生产成本的分类

a. 固定成本:养鹅场必须有固定资产,如鹅舍、饲养设备、运输工具及生活设施等。固定资产的特点是:使用年限长,以完整的实物形态参加多次生产过程,并可以保持其固有的物质形态,只是随着它们本身的损耗,其价值逐渐转移到鹅产品中,以折旧费方式支付,这部分费用和土地租金、基建贷款的利息、管理费用等,组成固定成本。

b. 可变成本:也称为流动资金,是指生产单位在生产和流通过程中使用的资金,其特性是参加一次生产过程就被消耗掉,例如,饲料、兽药、燃料、垫料、雏鹅等成本。之所以叫可变成本就是因为它随生产规模、产品的产量而变。

c. 常见的成本项目

工资:指直接从事养鹅生产人员的工资、奖金及福利等费用。

　　饲料费：指饲养过程中耗用的饲料费用，运杂费也列入饲料费中。

　　医药费用：鹅病防治的疫苗、药品及化验等费用。

　　燃料及动力费：用于养鹅生产的燃料费、动力费、水电费和水资源费也包括其中。

　　折旧费：指鹅舍等固定资产基本折旧费。建筑物使用年限较长，15～20 年折清；专用机械设备使用年限较短，7～10 年折清。

　　雏鹅购买费或种鹅摊销费：雏鹅购买费很好理解，而种鹅摊销费指生产每千克蛋或每千克活重需摊销的种鹅费用，其计算公式为：

　　种鹅摊销费（元/kg 蛋）＝（种鹅原值－残值）/每只鹅产蛋总重量

　　或种鹅摊销费（元/kg 体重）＝（种鹅原值－残值）/每只鹅后代总出售量

　　低值易耗品费：指价值低的工具、器材、劳保用品、垫料等易耗品的费用。

　　共同生产费：也称其他直接费，指除上述七项以外而能直接判明成本对象的各费用，如固定资产维修费、土地租金等。

　　企业管理费：企业管理费指场一级所消耗的一切间接生产费，销售部属于场部机构，所以也把销售费用列入企业管理费。

　　利息：指以贷款建场每年应缴纳的利息。

　　虽然新会计制度不把企业管理费、销售费和财务费列入成本，而养鹅场为了便于核算每群鹅的成本，都把各种费用列入产品成本。

(3)利润管理:鹅场的经营收入包括良种鹅、肉用仔鹅、多种经营产品销售收入,对外提供劳务所得的收入,自产留用的产品视同销售的作价收入,以及其他收入等。经营总收入减去经营总成本就是纯收入,再减去税金就是利润。利润反映了鹅场在一定期间内生产经营活动最终的财务成果。鹅场的盈利状况,综合地反映了生产经营的优劣和经营管理水平的高低。

鹅场多层次、多样化经营及财务包干管理的特点,要求利润的计算要分层次进行。

①经营利润:即经营总收入减去经营总成本(包括销售费用、税金)的余额,加上家庭农场上交利润和良种生产定额补贴。因为,家庭农场的生产项目是场内生产经营活动的一部分,其上交利润也是场的经营利润;良种生产定额补贴是给良种生产耗费的补偿,本来就应从经营总成本中扣除。不过,家庭农场上交利润,不包括以"上交提留"形式交给场部的共同生产费、管理费、折旧费和职工福利基金,以及由场部代交给国家的税金。

②净利润:净利润等于经营利润加非生产收入,减非生产支出;有联营业务的场还要加上从投资联营单位分得的利润,减去场里分给联营投资单位的利润。其中,非生产收入与非生产支出,不属于经营收入和经营成本,故列在经营利润之外。非生产收入包括利息收入、公租金收入等。非生产支出包括劳动保险费用支出、社会性政策性支出差额、非常损失、呆账损失等。

③财政包干结余:财政包干结余等于净利润加亏损包干补贴,减包干上交利润,减弥补以前年度的超包干亏损,减归还经批准的基建和专项借款的利润。

6. 生产计划

(1)鹅群周转计划:鹅群周转计划是各项计划的基础,是根据鹅场生产方向、鹅群的构成和生产任务编制的。只有制定出该计划,才能据此制定出引种、孵化、产品销售、饲料需要、财务收支等一系列计划。鹅群周转环节可分为:孵化、雏鹅、中雏鹅(肉用仔鹅)、青年鹅、种鹅(种鹅、蛋用种鹅、肉用种鹅)、成鹅淘汰等。

(2)产品生产计划:种鹅可根据月平均饲养产蛋母鹅数和历年生产水平,按月制定产蛋率和产蛋数。肉用仔鹅则根据肉用仔鹅的只数和平均活重编制,应注意将副产品,如淘汰鹅也纳入计划。

(3)饲料需要计划:根据鹅群周转计划,算出各月各组别鹅的饲料需要量。编制该计划的目的是合理安排资金及采购计划。

(4)雏鹅孵化(或引种)计划:雏鹅孵化(或引种)计划是根据补充后备公、母鹅、肥育鹅和出售雏鹅的需要编制的。

(5)成本计划:目的是控制费用支出,节约各种成本。

(6)其他计划:除了上述基本计划以外,还应制订维修计划、设备更新计划、市场开拓计划、教育科研计划、财务计划等。其中尤以财务收支计划更为重要。整个养鹅场的活动最终以货币形式表现出来,即财务收支,企业是盈还是亏,盈亏多少是企业生死存亡之关键所在。现代企业都设置总会计师,与总畜牧师同等重要。

★养鹅场生产计划编制实例

现拟建立一个自繁自养,年生产 10 万只肉鹅的综合性养鹅场,生产计划编制如下:

(1)计算种鹅数

已知:一只人舍母鹅年产蛋 80 枚,种蛋受精率 85％,受精蛋出雏率 85％;雏鹅成活率 93％,生长鹅成活率 96％,育肥肉鹅成活率 96％。公母比为 1：4。

①全年需养种母鹅数

100 只鹅苗至出售时成活 86 只

100 只×93％×96％×96％＝86 只

年出售 10 万只肉鹅需鹅苗 116 279 只

100 000 只/年÷86％＝116 279 只/年

种蛋出雏率为 72.25％

85％×85％＝72.25％

每只种鹅全年产鹅苗 58 只

80 枚/(年·只)×72.25％≈58 只/年

该鹅场全年需饲养种母鹅 2 004 只

116 279 只/年÷58 只/(年·只)≈2 004 只

②全年需要配套种公鹅数

种母鹅数÷公母鹅配种比例＝2 004 只÷4＝501 只

该鹅场需配套饲养种公鹅 501 只。

(2)孵化计划

365 天/年÷10 天/批＝36.5 批/年

2 004 只×80 枚/(年·只)＝160 320 枚/年

160 320 枚/年÷36.5 批/年＝4 392 枚/批

即每 10 天孵一批,每批孵 4 392 枚,孵化器设计容量不能少于 5 000 枚。

365 天/年÷31 天/(批·台)＝11.8 批/(年·台)

36.5 批/年÷11.8 批/(年·台)＝3.1 台。

即该场需要 4 台孵化器和 1 台出雏器。

(3)鹅舍周转等

①种鹅舍:采用一条龙生产,种鹅饲养密度为 3 只/m²,则种鹅舍为 880m²(含 45m² 操作间)。

2 505 只÷3 只/m²＝835m²

②肉鹅舍:肉鹅全进全出,一条龙生产,80 天出售,10 天清洗消毒,饲养密度为 6 只/m²。

100 000 只/批÷36.5 批/年＝2 740 只/批

2 740 只/批÷36.5 只/m²≈457m²

365 天/年÷(80 天＋10 天)/(批·幢)＝4 批/(幢·年)

36.5 批/年÷4 批/(年·幢)＝9.1 幢

即需面积为 500m²(含 43m² 操作间)的肉鹅舍 10 幢。

(4)饲料计划

①种鹅耗料:每只鹅从育雏育成到产蛋需消耗饲料 30kg 左右,则育成期耗料估计为 9 万 kg。

2 505 只÷0.85×30kg/只≈90 000kg(85％留种率)

产蛋种鹅除喂青饲料外每只每天补饲 250g 左右,则全年耗料估计为 23 万 kg。

2 505 只×0.25kg/年×365 天/年≈230 000kg

②肉鹅耗料

a. 舍饲：每只肉鹅 80 日龄出售，体重为 4.59kg，料肉比 3.96：1，累计耗料 21.611kg，全期 100 000 只肉鹅估计耗料 216 万 kg；基本为均衡需要。

b. 放养加补饲：80 日龄出售，每只鹅体重为 4.5kg，补饲饲料累计为 15.5kg，消耗青饲料 30kg，则 100 000 只肉鹅需精料 155 万千克，青饲料 300 万千克。按每亩地全年套种鹅菜等牧草可产青饲料 10 000kg 计算，饲养 100 000 只肉鹅除需 155 万千克饲料外，至少还需种植 300 亩牧草。